燃煤电厂环保设施技术问答丛书

废水处理技术问答

大唐环境产业集团股份有限公司　编

中国电力出版社
CHINA ELECTRIC POWER PRESS

图书在版编目（CIP）数据

废水处理技术问答 / 大唐环境产业集团股份有限公司编 .—北京：中国电力出版社，2019.4（2020.8重印）

（燃煤电厂环保设施技术问答丛书）

ISBN 978-7-5198-3082-3

Ⅰ.①废… Ⅱ.①大… Ⅲ.①燃煤发电厂—废水处理—问题解答 Ⅳ.①X773.03-44

中国版本图书馆 CIP 数据核字（2019）第 071669 号

出版发行：中国电力出版社
地　　址：北京市东城区北京站西街 19 号（邮政编码 100005）
网　　址：http：//www.cepp.sgcc.com.cn
责任编辑：安小丹（010-63412367）
责任校对：黄　蓓　王海南
装帧设计：王红柳
责任印制：吴　迪

印　　刷：三河市百盛印装有限公司
版　　次：2019 年 4 月第一版
印　　次：2020 年 8 月北京第二次印刷
开　　本：140 毫米 ×203 毫米　32 开本
印　　张：5.125 印张
字　　数：196 千字
印　　数：2001-3000 册
定　　价：30.00 元

燃煤电厂环保设施技术问答丛书

《废水处理技术问答》编审组

主　　　编： 金　安

副　主　编： 邢百俊　于志成　崔焕民

编写组成员： 王力光　齐　勇　曹书涛　刘俊峰　彭　涛
巩家豪　李启全　杨国辉　杨建慧　牟伟腾
赵文祥　胡明会　魏　军　黎　勇

主　　　审： 刘海洋

会审组成员： 刘　宁　齐娇娜　卢清松　杨　言　李　飞
夏　爽　杜明生

序言

习近平总书记在党的十九大报告中指出："必须树立和践行绿水青山就是金山银山的理念，坚持节约资源和保护环境的基本国策，像对待生命一样对待生态环境。"只有坚持绿色发展，才能建设美丽中国，解决人与自然和谐共生问题，实现中华民族永续发展。在习近平新时代中国特色社会主义思想的指引下，国家发改委、生态环境部、国家能源局联合印发了《煤电节能减排升级与改造行动计划（2014~2020年）》与《全面实施燃煤电厂超低排放和节能改造工作方案》，要求到2020年，全国所有具备改造条件的燃煤电厂力争实现超低排放（即在基准氧含量6%条件下，烟尘、二氧化硫、氮氧化物排放浓度分别不高于10、35、50mg/m^3）。截至2017年底，全国已实施超低排放改造的煤电机组装机容量累计达到7亿kW，占全国煤电机组容量的比重超过70%。与此同时，我国燃煤电厂环保技术实现重大突破，以超低排放为核心的环保技术呈现多元化发展趋势，急需行业标准化、规范化。

大唐环境产业集团股份有限公司（以下简称大唐环境）是中国大唐集团有限公司发展环保节能产业的唯一平台，一直致力于能源与环境、大气污染控制工程方面的研究和应用，在以超低排放为核心的环保设施改造过程中，积累了丰富的实践经验。公司自2004年成立以来，产业结构不断优化，影响力日益增强，知名度不断提高，在节能环保领域的影响越来越大，2016年在香港联交所主板上市，现已成为中国电力行业节能环保领域的主导者和领先者。

大唐环境以环保设施特许经营业务为主导，兼顾工程建设和产品制造的综合性环保节能产业结构布局，业务覆盖燃煤电厂脱硫脱硝、除尘除渣、粉尘治理，能源和水务等环保节能全产业链，同时涉足可再生能源工程等多个业务领域，并将业务拓展至印度、泰国、白俄罗斯等"一带一路"沿线国家。目前，公司拥有世界最大的脱硫、脱硝特许运营规模，拥有世界最大的脱硝催化剂生产基地，拥有国际领先的节能环保工程解决方案，荣获"十三五"最具投资价值上市公司——

中国证券金紫荆奖。

事以才立，业以才兴。大唐环境坚持人才强企战略，不断深化人才体制机制的改革创新，大力培育集团级首席专家和行业领军人物，打造由行业专家为学术带头人，由技术骨干为中坚力量，由青年人才为基础的，梯次合理、实力雄厚的科技创新团队。先后主导、参与编写了多项环保节能国家标准、行业标准以及国际标准。共获得专利授权 673 项，其中发明专利 49 项；取得技术成果 30 余项，其中取得技术鉴定证书 13 项，2 项达到国际领先水平，8 项达到国际先进水平。累计完成技术标准编制并发布 11 项，其中主编的国际标准 1 项、主编的国家标准 1 项，参编的国际标准 2 项。

不忘初心，不改矢志。大唐环境坚持“创新、协调、绿色、开放、共享”的发展理念，以创新的思维、开放共享的态度，用铁肩担起祖国节能环保建设的重任，组织公司各专业技术专家，编写了《燃煤电厂环保设施技术问答丛书》。该丛书涵盖了燃煤电厂脱硫、脱硝、除尘除渣、废水处理专业内容，内容全面，深入浅出，贴近现实，着眼未来，站在技术前沿，为环保污染物治理提供了很好的指导、借鉴作用。

该丛书可供火力发电厂脱硫、脱硝、除尘除渣、废水处理等运行检修人员阅读；可供从事电力生产管理、运行维护、检修改造等工作的技术人员、安全管理、工程监理人员学习使用；可作为高等院校环境工程、热能与动力工程、化学工程等专业师生的参考书；同时，也可供其他相关企业借鉴、参考。

2018 年 12 月于北京

前言

《水污染行动计划》（国发〔2015〕17号）已由国务院发布。党的十九大对加快生态文明体制改革、推进绿色发展作出了战略部署。保护和改善环境、减少污染物排放、推进生态文明建设，才能使绿水青山变成金山银山。随着我国水资源的紧张和环境保护的要求日益提高，燃煤电厂所面临的水资源问题和环境问题变得尤为突出，因此加大燃煤电厂废水处理力度、采用先进技术优化燃煤电厂废水处理工艺、治理污染、减少排放，合理地利用废水资源、实现水资源优化，做到既有利于发展生产、降低运营成本，又能最大限度地保护环境，是火电厂生存和发展的根本，是实现水资源合理配置、科学保护、循环利用、环境效益、经济效益与社会效益多赢的重要手段。

面对新形势新任务，国内大批从事污废水处理环保行业的一线生产人员以及相关专业的在校师生，迫切需要一本结合理论基础知识和生产实际紧密的专业技术参考书。为此，大唐环境产业集团股份有限公司组织行业内经验丰富的专家、学者、工程技术人员等精心编写了这本《废水处理技术问答》。

本书采用问答的形式将复杂的问题分解成几个较小的问题来叙述和解答，浅显易懂，便于读者根据需要查阅参考。该书深入浅出，既有许多相关的基本知识，又有解决复杂疑难技术问题的分析方法和方案。涉及电厂废水处理的生产工艺流程和相关理论知识以及管理中需要注意的各种问题。结合实际，知识点全面，理论重点突出，操作性强。本书可供从事燃煤火力发电厂水务管理、运维等生产人员学习使用，其他行业也可借鉴参考。

本书共九章，由金安担任主编，由邢百俊、于志成、崔焕民担任副主编，由刘海洋担任主审。第一章由金安、于志成、黎勇、杨国辉编写；第二、三章由邢百俊、崔焕民、刘俊峰、杨建慧编写；第四章由王力光、齐勇、赵文祥编写；第五章由彭涛、胡明会编写；第六章由巩家豪、魏军编写；第七、八、九章由曹书涛、牟伟腾、李启全、杨国辉编写。刘宁、齐娇娜、卢清松、杨言、李飞、夏爽、杜明生参加书稿的会审。

在本书编写过程中，查阅了部分设备制造商产品说明书、国内外参考文献、专业书籍，并引用了相关技术文件中的部分观点及资料。同时邀请国内知名电力设计院、科研院等相关专家以及多名电厂生产技术人员审阅，提出了大量宝贵的意见，在此深表谢意。

由于水平所限，加之时间仓促，书中存在的缺失和不足之处恳请广大读者批评指正。

编者

2018年12月

目录

第一章　燃煤电厂废水来源与分类

第一节　燃煤电厂废水管理总则

1. 电厂污废水综合处理原则是什么？

答：电厂污废水综合处理应遵循的原则是：在对全厂各系统排水量及水质进行分析的基础上，在满足使用的要求下，循环使用、循序使用、逐级回用，从而提高水的复用率。

2. 原水预处理系统管理原则是什么?

答：电厂原水（包括中水）预处理系统应采用技术可靠、自用水率低的处理工艺，澄清设备排泥水、过滤设备反洗排水经污泥浓缩处理后，可回收至预处理系统进口。

3. 锅炉补给水处理系统生产废水处理原则是什么?

答：电厂应优化锅炉补给水处理系统工艺参数，降低系统自用水率。燃煤电厂锅炉补给水处理系统生产废水宜按以下原则处理：

（1）对悬浮物含量较高、含盐量较低的预处理设备及除盐设备反洗进水，经沉淀澄清处理后可回收至本系统预处理设备入口，也可作为循环水系统补充水。

（2）对含盐量较高的膜处理设备产生的浓水，可用作湿法脱硫工艺用水、输煤系统和湿除渣系统补充水。

（3）含盐量很高的化学除盐设备再生废水，经中和处理后，宜作为干灰调湿用水、灰场抑尘用水等。

4. 循环水系统管理原则是什么?

答：电厂循环水系统管理应综合考虑循环水系统下游的用水量和设备材质，优化循环水处理工艺，在试验的基础上确定合理的浓缩倍率，减少循环水补充水量和排污水量，循环水排污水宜在下列系统综合利用：

（1）湿法烟气脱硫系统、除灰、渣系统。

（2）输煤栈桥冲洗和煤场喷淋。

（3）循环水排污水进行脱盐深度处理后，淡水作为锅炉补给水系统和循环水系统的补充水源。

5. 热力系统节水应如何管理？

答：电厂应采取下列措施加强热力系统节水管理：

（1）防止热力系统管道和阀门泄漏。

（2）减少机组非计划启停次数。

（3）降低锅炉排污率。

（4）采取有效的停炉保护措施，加强检修后水汽系统内部清理，降低锅炉启动冲洗用水量。

（5）及时回收合格的疏水，对锅炉排污水和启停排水等采取回收措施。

6. 湿法烟气脱硫应如何选择工艺用水？

答：湿法烟气脱硫工艺应减少使用新鲜水或淡水，应采用下列系统的排水：

（1）循环水排污水。

（2）化学车间反渗透浓水。

（3）处理合格的厂区生产和生活废水以及城市再生水。

7. 除灰系统用水应如何选择？

答：除灰系统应优先采用配有干灰储存设施的干除灰系统。保留水力除灰系统的电厂，宜采用浓浆输送系统，无法采用浓浆输送时，应回收灰浆澄清水循环用于水力除灰系统。除灰系统用水的灰库地面冲洗水、干灰拌湿水、灰场抑尘水宜采用化学除盐再生废水、循环水排污水、经过处理的脱硫废水等废水。

8. 湿除渣系统用水原则是什么？

答：燃煤湿除渣系统的补充水可采用循环水排污水、工业废水等含盐量较高的废水，使用前应进行下列评估及处理：

（1）根据废水水质和系统过流部件的材质对结垢腐蚀情况进行评估。

（2）湿除渣系统产生的溢流水，应设置专门的收集处理系统，经处理后在本系统循环回用，不宜外排。

9. 输煤系统用水原则是什么？

答：输煤转运站和栈桥的地面冲洗水、煤场喷淋水可采用循环水排污水、工业废水或其他符合要求的废水。接触废水的相关设备应采取相应的防腐措施。含煤废水应设置独立的收集处理系统，处理合格的废水宜在本系统循环回用，不宜外排。

10. 凝结水精处理系统废水处理回用原则有哪些？

答：电厂凝结水精处理系统排水宜按以下原则进行回用：

（1）前置过滤器反洗水、树脂输送排水、部分正洗排水等可直接回收作为循环水系统补充水或其他工业用水。

（2）含盐量较高的再生废水，中和后可用于干灰调湿、干灰场喷洒、湿法烟气脱硫用水以及输煤系统喷洒、抑尘、冲洗。

11. 滨海电厂、缺水地区燃煤电厂用水原则是什么？

答：滨海电厂、缺水地区燃煤电厂用水原则主要有：

（1）滨海火力发电厂的主机凝汽器冷却水应使用海水，辅机宜采用海水开式与淡水闭式相结合的冷却系统。

（2）缺水地区燃煤电厂，经综合技术经济比较认为合理时，宜采用空冷式汽轮机组。

（3）缺水地区燃煤电厂宜采用干式除尘、干式除灰渣及干储灰场。

（4）滨海电厂、缺水地区燃煤电厂可根据厂区情况设立雨水收集和回用系统，经澄清处理后的雨水可作为电厂循环冷却水系统、厂区工业水系统补充水源等。

12. 电厂水务管理专业技术人员工作职责是什么？

答：电厂水务管理专业技术有下列工作职责：

（1）应根据国家和地方的相关政策要求，制定适合本厂的用水管理和考核制度。

（2）应制定全厂水务计量、检测仪表的维护管理细则。

（3）应建立全厂用排水台账，用水计量仪表校验和维护台账，节水改造方案等内容的水务管理档案。

（4）应建立台账管理制度，定期计算全厂水务管理指标。用水台账应以实际监测数据为准，数据采集时间周期应相对稳定。

13. 电厂生产部门水务管理专业人员工作内容有哪些？

答：电厂生产部门各专业应按水务管理计划完成下列工作：

（1）落实节约用水的技术措施。

（2）定期对水量计量仪表、水质测定仪表进行校验、维护保养和记录。

（3）对用水设备的运行状况进行合理调整及定期维护，消除不合理用水现象。

（4）定期组织水平衡测试，合理规划，采用节水新技术、新设备，提高废水的回收利用和循环再利用率，有效降低水耗，实现节水目标。

第二节　燃煤电厂废水管理与分类

1. 水污染有几种形式？

答：水污染有以下几种形式：

（1）混入型污染。用水冲灰、冲渣时，灰渣直接与水混合造成水质的变化。输煤系统用水喷淋煤堆、皮带，或冲洗输煤栈桥地面时，煤粉、煤粒、油等混入水中，形成含煤废水。

（2）泄漏型污染。化学物品或油泄漏造成的水污染，如酸、碱泄漏及设备冷却水中的油泄漏。

（3）浓缩型污染。运行中水质发生浓缩，造成水中杂质浓度的增高，如循环冷却水等。

（4）调质型污染。在水处理或水质调整过程中，向水中加入了化学物质，使水中杂质的含量增加。

（5）清洗型污染。设备冲洗及化学清洗对水质的污染。

（6）生活型污染。餐饮污水、便厕冲洗水等。

2. 电厂废水按废水产生的频率如何分类？

答：按废水产生的频率，燃煤电厂废水可以分为经常性废水和非经常性废水。

3. 经常性废水包括哪些废水?

答：经常性废水指一天中连续或间断性排放的废水，包括：锅炉补给水处理的再生、冲洗废水；凝结水精处理的再生、冲洗废水；取样排水、锅炉排水；澄清过滤设备排放的泥浆废水；主厂房生产排水、生活污水等。

4. 非经常性废水包括哪些废水?

答：非经常性废水包括设备启动、检修、清洗时间段排放的废水，所以不仅水量变化大、排放时间集中，而且水质也常因机组容量的大小和生产工艺不同而有所差别。这种废水包括锅炉清洗水、锅炉排放污水、锅炉烟侧冲洗废水、除尘器洗涤水、冷却塔检修时的排污水及冲洗水等。

5. 电厂污废水按废水水质特点如何分类?

答：相同种类的废水可以采用同一种水处理工艺实现回用，所以废水的分类是否合理是废水综合利用的关键。根据燃煤电厂废水水质的特点，以及处理回用时的用途，将燃煤电厂的废水分为以下几类：

（1）低含盐量废水。如机组锅炉排污水、热力系统疏放水、工业水系统排水、过滤器反洗水、生活污水等。

（2）高含盐量废水。如反渗透浓排水、离子交换设备再生废水、循环水排污水等。

（3）简单处理可回用的废水。包括含煤废水、冲灰除渣废水。

（4）不易回用的极差的废水。如脱硫废水、化学清洗废水、空气预热器冲洗废水、GGH冲洗废水等经处理后可作为煤场喷淋水或卸灰加湿使用。

（5）含油废水。设备油泄漏造成水的污染，如油泄漏造成的设备冷却水污染及地面油污染冲洗水等。

（6）有机物含量偏高的富营养化废水。如生活污水，主要为食堂生活污水、便厕冲洗水等，生活污水的污染物质主要为有机物（BOD，COD）、氮磷等，通常需要先进行生化处理后再进一步深度处理方可回用。

6. 污废水的来源有哪些?

答：燃煤电厂污废水按来源可分为锅炉补给水处理系统的废水、

凝结水精处理系统再生废水、凝汽器冷却水排水、大型设备的冷却排水、辅助设备冷却排水、冲灰及冲渣系统排水、煤场及输煤系统排水、烟气脱硫排水、脱硝废水、油系统废水、锅炉化学清洗排水和停炉保护排放的废水、生活污水、其他来源废水等。

7. 工业废水有什么特点?

答：燃煤电厂工业废水可分为经常性废水和非经常性废水两大类，经常性废水主要包括锅炉补给水处理系统再生废液和凝结水精处理再生废液、水汽取样排水、脱硫废水、主厂房地面排水等，其废水来源复杂，水质变化大，含盐量不高，含油类；非经常性废水主要有含油废水、机组启动排水，锅炉酸洗排水和空气预热器冲洗排水等，其废水悬浮物很高，含重金属。

8. 生活污水有什么特点?

答：生活污水来源包括食堂和厨房污水、浴室污水、粪便污水等。其主要特点为味臭，主要污染物多为无毒的无机盐类，生活污水中含氮、磷、硫多，致病细菌多。因此，与电厂其他废水处理方式不同，需要单独设计回收与处理系统。

9. 含油废水有什么特点?

答：含油废水主要来自卸油栈台、油罐区的冲洗地面水和雨水，具有悬浮物高、含油量大的特点。

10. 含煤废水有什么特点?

答：含煤废水含煤粉，是黑色悬浮物含量最高的废水之一。主要来自电厂输煤皮带喷淋、输煤栈桥地面冲洗、煤场排水等。要去除的杂质主要为煤微粒、胶体和油。

11. 锅炉冲灰水有什么特点?

答：锅炉冲灰水为悬浮物含量最高的废水之一，主要来自冲灰系统和灰场。其水量较大，且该水pH值高、含盐量高、水质复杂多变、水质稳定性差、易结垢。

12. 锅炉冲渣污水有什么特点?

答：锅炉冲渣污水主要来自锅炉的水力除渣系统的脱水仓，冲渣污水的污染物主要为无机性悬浮物或沉淀物。

13. 燃煤电厂循环水排污水有什么特点?

答：循环水排污水的特点是量大、含盐量高、水质稳定性差、易结垢、有机物和悬浮物含量高、藻类物质多。

14. 燃煤电厂脱硫废水有什么特点?

答：燃煤电厂脱硫废水有如下特点：

（1）腐蚀性强。脱硫废水中含有较高的盐分，如氯离子含量高，具有较强的腐蚀性和酸性，对管道材质和机械设备防腐性能具有较高的要求。

（2）水质变化大。脱硫废水中含有铅离子、铬离子、镉离子、汞离子等重金属离子，其组分会随电厂燃煤产地变化而发生相应的变化。

（3）硬度和含盐量高。脱硫废水中硫酸根离子、镁离子和钙离子的含量较高，并且其硫酸钙相对饱和，在加热浓缩时易结垢；同时，废水中具有较高的含盐量，变化范围相对较大。

（4）悬浮物高。燃煤电厂多使用石灰石—石膏湿法脱硫，其会产生大量的脱硫废水，并含有10000mg/L以上的悬浮物。

15. 生活污水处理系统中处理指标 COD 代表什么?

答：COD又称化学需氧量，它是指在一定条件下，用强氧化剂处理水样时所消耗的氧的量。它反映了水中受还原性物质污染的程度，水中还原性物质主要包括有机物、亚硝酸盐，亚铁盐、硫化物等可以被氧化的物质。化学需氧量越高表明水中有机污染物越多。一般在化验时所用的强氧化剂为重铬酸钾或高锰酸钾，用重铬酸钾作氧化剂所测得的化学需氧量用COD_{cr}表示，用高锰酸钾作氧化剂所测得的化学需氧量用COD_{Mn}表示。

16. 生活污水处理系统中处理指标 BOD 代表什么?

答：BOD又称耗氧量或生化需氧量，通常用BOD_5表示。它是指在一定条件下（5天时间、恒温20℃），微生物在好氧条件下分解存在水中的某些可氧化物质（特别是有机物）时，所进行的生物化学过程中消耗的溶解氧的量。

17. 什么是氨氮？

答：氨氮是指水中以游离氨和铵离子形式存在的氮。

18. 什么是总氮？

答：总氮是指水中各种形态的无机氮和有机氮的总量，包括硝态氮、亚硝态氮、氨氮等无机氮和蛋白质、氨基酸、有机胺等有机氮。

19. 什么是总磷？

答：总磷是指水中有机磷和无机磷的总量。

20. 什么是SS（悬浮固体）？

答：SS（悬浮固体）是指用0.45μm滤膜过滤水样，经103~105℃烘干后得到的不可滤过残渣（悬浮物）的含量。

21. 燃煤电厂工业废水的处理指标有哪些？

答：参照GB 8978—1996《污水综合排放标准》要求，燃煤电厂工业废水的处理指标如下：

pH：6~9；

SS≤70mg/L；

COD_{Cr}≤100mg/L。

22. 燃煤电厂生活污水的处理指标有哪些？

答：参照GB 8978—1996《污水综合排放标准》要求，燃煤电厂生活污水的处理指标如下：

COD_{Cr}≤100mg/L；

BOD_5≤20mg/L；

SS≤70mg/L；

氨氮≤15mg/L；

总磷≤0.5mg/L；

含油≤10mg/L。

23. 燃煤电厂含油废水的处理指标有哪些？

答：参照GB 8978—1996《污水综合排放标准》要求，燃煤电厂含油废水的处理指标如下：

pH：6~9；

SS≤70mg/L；

含油≤5mg/L。

24. 燃煤电厂含煤废水的处理指标有哪些？

答：参照GB 8978—1996《污水综合排放标准》要求，燃煤电厂含煤废水的处理指标如下：

pH：6~9；

色度≤50。

第二章 工业废水处理

第一节 工业废水处理系统

1. 什么是工业废水?

答：工业废水是指工艺生产过程中排出的废水和废液，其中含有随水流失的工业生产用料、中间产物、副产品以及生产过程中产生的污染物，是造成环境污染，特别是水污染的重要原因。

2. 工业废水的组成有哪些?

答：工业废水的组成按其含有物质的成分分为：含悬浮物类的工业废水、高含盐类的工业废水和含高盐且含悬浮物的废水。

3. 含悬浮物类的工业废水有哪些?

答：含悬浮物类的工业废水主要包括：湿法除尘水、输煤系统冲洗水及重力式过滤器、压力式过滤器的反洗排水等。

4. 含悬浮物类的工业废水的主要来源是什么?

答：含悬浮物类的工业废水的主要来源是湿法除尘水、输煤系统冲洗水及预处理的反洗排水。

5. 什么是高含盐类的工业废水?

答：高含盐类的工业废水是指水的盐分较高且不能在本工段继续使用的水。

6. 高含盐类的工业废水有哪些?

答：高含盐类的工业废水主要包括：循环排污水、反渗透浓排水、树脂再生废水等。

7. 含高盐且含悬浮物的工业废水有哪些?

答：含高盐且含悬浮物的工业废水主要包括：采用反渗透浓水作

为预处理过滤器反洗产生的废水、酸洗产生的废水等。

8. 什么是反渗透浓水？

答：反渗透在工作过程中利用膜的反向渗透压将水中多数的离子保留在进水侧，含盐分较低的淡水进入下一个系统，保留在反渗透进水侧的浓缩的水叫作反渗透浓水。

9. 反渗透浓水和树脂再生废水如何回用？

答：根据梯级利用的用水原则，反渗透浓水在燃煤电厂中与树脂再生废水混合后输送至脱硫废水中进行回用，或单独回收后用于上一步机械过滤器的反洗用水。对于原水含盐量较低的电厂，溶解固形物在400mg/L以下时，根据水质情况也可以用于循环冷却水的补充水。

10. 含悬浮物又含有较高盐分的工业废水主要特点是什么？

答：含悬浮物又含有较高盐分的工业废水，多数为锅炉冲洗、酸洗产生的废水，该部分废水的水温多数较高，含有金属腐蚀物和安装时产生的细小物料。另一部分为反渗透浓水作为预处理过滤器反洗产生的废水，一般偏碱性，含有较高的悬浮物和原水中95%~97%以上的离子。

11. 含悬浮物又含有较高盐分的工业废水如何回用？

答：根据梯级利用的用水原则及合理性，含高盐且含悬浮物的工业废水直接输送至工业废水处理系统进行处理，先进行氧化、pH调节处理再进入处理悬浮物的混凝澄清装置之后进入过滤处理系统，最终处理掉95%或以上的悬浮物后，回用至除灰渣系统或脱硫废水处理系统。

12. 预处理重力式过滤器的反洗周期是多少？

答：预处理重力式过滤器的反洗周期是12h或24h。

13. 重力式过滤器的反洗控制信号取自哪里？

答：重力式过滤器的反洗控制信号可取自进水流量累计值、液位计液位定值、产水浊度计定值、运行时间。

14. 燃煤电厂工业废水处理方式有哪些？

答：燃煤电厂工业废水通常有两种处理方式：一种是集中处理，

另一种是分类处理。

15. 脱水机按脱水的原理分为哪几类？

答：脱水机按脱水的原理分为真空过滤脱水机、压滤脱水机及离心脱水机。

16. 离心脱水机的工作原理是什么？

答：离心脱水机的工作原理是：污泥由空心转轴送入转筒后，在高速旋转产生的离心力作用下实现泥水的分离。

17. 板框式压滤脱水机的脱水原理是什么？

答：板框式压滤脱水机的脱水原理是：通过带有滤布的板框对泥浆进行挤压，使污泥内的水通过滤布排出，达到脱水的目的。

18. 板框式压滤脱水机主要由哪几部分组成？

答：板框式压滤脱水机主要由滤板、框架、液压装置、滤板振动系统、进料装置、滤布高压冲洗装置、集液装置及光电保护装置组成。

19. 常用污泥泵分为哪几种？

答：常用污泥泵分为螺杆泵、渣浆泵和气动污泥泵。

20. 废水池中设置曝气装置的作用是什么？

答：废水池中设置曝气装置的作用是：

（1）对废水池中的废水进行搅拌。

（2）对还原性的废水进行氧化。

21. 燃煤电厂废水处理常用的曝气装置有哪些？

答：燃煤电厂废水处理常用的曝气装置有：

（1）穿孔管式曝气装置。

（2）曝气筒。

（3）膜片式曝气装置。

22. 废水池的常见的防腐形式有哪些？

答：废水池的常见的防腐形式有：环氧树脂防腐、环氧煤沥青防腐、玻璃钢防腐。

23. 斜板（管）沉淀池的工作原理是什么？

答：斜板（管）沉淀池的工作原理是：在沉淀区域内放置众多与水平面呈一定角度的斜板或斜管，从而增大沉淀面积并保证水流的层流状态，让水流从水平方向流过斜板（管），使水中的颗粒在斜板（管）中沉淀，形成的泥渣在重力的作用下沿斜板（管）滑至池底，去除悬浮颗粒。

第二节　工业废水处理系统基本概念

1. 天然水中的杂质按颗粒大小可分成哪几类？通常它们都是用什么工艺来除去？

答：天然水中的主要杂质按其颗粒大小可分为三大类：

（1）悬浮物：颗粒直径在10^{-4}mm以上；主要依靠自沉降或过滤的工艺去除，有时也需进行澄清和过滤。

（2）胶体：颗粒直径在10^{-6}~10^{-4}mm间；主要依靠混凝、澄清和过滤等工艺去除。

（3）溶解物质：颗粒直径小于10^{-6}mm，以离子或分子形态存在，形成真溶液；通常用离子交换工艺去除。

2. 在天然水中通常溶有的离子有哪些？

答：天然水中的化合物大都是电解质，在水中多是以离子或分子形态存在的，在天然水中通常溶有的离子为：钠离子、钙离子、镁离子、铁离子、锰离子、钾离子等阳离子；重碳酸根、硫酸根、氯根、碳酸根等阴离子。

3. 水的悬浮物和浊度指标的含义是什么？

答：悬浮物就是不溶于水的物质。它是取一定量的水经滤纸过滤后，将滤纸截留物在110℃下烘干称重而测得，单位是mg/L。由于操作不便，通常用浊度来近似表示悬浮物含量。因为水中的胶体含量和水的色度会干扰浊度的测定，所以浊度值不能完全表示水中悬浮物含量。浊度的测定常用比光或比色法，先以一定量的规定的固体分散在水中，配置成标准液，然后用水样与之相比较，以与之相当的标准液中含固体的量作为测定的浊度值，通常单位是NTU。

4. 水的含盐量指标的含义是什么？

答：水的含盐量为水中各种盐类的总和，单位是mg/L。通常可用溶解固形物（或蒸发残渣）近似表示。其常用的表示方法有两种：一种是以所含各种化学盐类质量浓度相加来表示，其单位为mg/L；另一种是以水中所含全部阳离子（或阴离子）的物质的量浓度来表示，其单位为mmol/L。

5. 什么是溶液的电导和电导率？

答：用来表示水溶液的导电能力的指标称为电导。电导是电阻的倒数。两个面积各为1cm^2、相距1cm的电极在某水溶液中的导电能力称为该溶液的电导率，单位为S/cm。

6. 影响溶液电导的因素有哪些？

答：影响溶液电导的因素有：溶液本身的性质、电极的截面积和电极间的距离，以及测定时溶液的温度等。

7. 电导率与含盐量间有什么关系？

答：因为水中溶解的大部分盐类都是强电解质，它们在水中全部电离成离子，当水的含盐量愈高，电离后生成的离子也愈多，水的电导能力就愈强，所以测定水溶液的电导率就愈高。但是，溶液的电导率不仅与离子含量有关，同时还与组成溶液的离子种类有关，所以电导率并不能完全代表溶液的含盐量。

8. 电导率测定时会受哪些因素的影响？

答：溶液的电导率测定时随测定的温度不同而变化，测定时溶液的温度愈高，所测得的电导率也会愈高。

9. 什么是水的硬度？什么是永久硬度、暂时硬度、碳酸盐硬度、非碳酸盐硬度？

答：水中钙、镁离子的总浓度即为硬度，单位为mmol/L。如果与钙、镁离子结合的阴离子为重碳酸根和碳酸根，此时的硬度即为碳酸盐硬度，因为碳酸盐硬度在沸腾的水中会析出沉淀而消失，故又称为暂时硬度；如果与钙、镁离子结合的阴离子为非碳酸根（氯离子或硫酸根），则此时的硬度为非碳酸盐硬度，也即为永久硬度。

10. 什么是酸度？

答：水中含有能与强碱起中和作用的物质的量称为酸度，单位为mmol/L。可能形成酸度的离子有：

（1）能全部离解出H^+的强酸，如HCl、H_2SO_4等。

（2）强酸弱碱组成的盐，如铁、铝等离子与强酸组成的盐。

（3）弱酸，如H_2CO_3、H_2SiO_3等。

11. 什么是 pH 值？

答：pH值即水中氢离子浓度的负对数。pH值是用来表示溶液酸性或碱性程度的数值，通常pH值是一个介于0和14之间的数。

第三节 工业废水系统设计与运行中的注意事项

1. 工业废水处理混凝剂药剂铝盐应用有什么特点？

答：用作混凝剂的铝盐主要有硫酸铝、明矾、铝酸钠、聚合铝等，其中硫酸铝和聚合铝应用最多。

（1）硫酸铝：主要用于去除水中有机物时，应调整pH值在4.0~7.0；主要用于去除水中悬浮物时，应调整pH值在5.7~7.8；处理浊度高色度低的水时，应调整pH值在6.0~7.8。

（2）聚合铝：聚合铝与硫酸铝相比有以下优点，投药量少，相当于硫酸铝的1/3左右，形成絮凝物的速度快，而且密实易沉降、适用范围广，对低浊度水、高浊度水、低温水及高色度水均有较好的效果，腐蚀性较小，即使过量投加也不会使水质恶化。

2. 工业废水处理混凝剂药剂铁盐如何选择？

答：用作混凝剂的铁盐主要有硫酸亚铁、三氯化铁、聚合硫酸铁等，其中硫酸亚铁和聚合硫酸铁应用较广。

（1）硫酸亚铁：一般是使水的pH值调整到8.5以上，为此与石灰法联合处理使用较为适合，可以使亚铁离子较快的转化成铁离子，达到较好的沉降效果。

（2）聚合铁：适用原水悬浮固体变化范围（60~225mg/L）比较宽，在投加量为9.4~22.5 mg/L的情况下，均可使澄清水的浊度达到饮用水标准。

3. 工业废水处理助凝剂如何选择？

答：（1）无机类。无机类的助凝剂，受pH值影响较大，加药量较多，常用的碱性药剂有CaO和NaOH，常用的酸性药剂有硫酸和CO_2等。

（2）有机类。有机类助凝剂分为阳离子型、阴离子型和非离子型三类。阳离子型助凝剂适用于pH值较低或中性的水质；阴离子型助凝剂适用于pH值较高的水质；非离子型的受pH值的影响不大。

4. 废水处理如何选用反渗透阻垢剂？

答：废水的波动性较大，水质复杂多变，选用阻垢剂尤为慎重，流程如下：

（1）总结分析至少一个周期的水质分析数据，以最差水质为依据。

（2）了解前处理系统工艺及处理效果。

（3）精确掌握前处理工艺中投加的所有化学品的纯度、剂量等。

（4）要用专业的软件，利用软件评价选用阻垢剂型号及投加剂量。

综合各影响因素、同类水质系统运行状况及多年运行经验，选择最佳的品种及投加剂量。

5. 在选择阻垢剂时应该关注的问题有哪些？

答：在选择阻垢剂时应该关注的问题有：

（1）水源特性的问题，对于水系变化比较大的系统，要优先考虑具有针对性、性能比较强、纯度比较高的阻垢剂。

（2）除了要考虑吨水的投加成本，还要考虑由于阻垢剂不合适而引起的类似清洗、检修、膜的寿命等综合因素。

（3）阻垢剂的供应商是否专业。一个好的、专业的阻垢剂供应商能够帮助用户降低运行成本。

（4）选择阻垢剂，重点考虑阻垢剂是否符合水质的特点，以及与预处理药剂的兼容。

对于反渗透这类需要精确控制的系统而言，目前有机膦系的阻垢剂还是首选。这也是目前市场上有机膦系阻垢剂份额大的主要原因。

6. 有机膦阻垢剂是否可导致水体的富营养化？

答：水体富营养化是指在人类活动的影响下，生物所需的氮、磷等营养物质大量进入湖泊、河口、海湾等缓流水体，引起藻类及其他浮游生物在水体表面迅速繁殖，导致水下溶解氧量下降、水质恶化、鱼类及其他生物大量死亡的现象。

无机磷（PO_4^{3-}）溶于自然水体中，有利于藻类及其他浮游生物繁殖，导致水体富营养化。有机膦在水体中通常与淤泥中钙反应，所以常沉积附着在水底淤泥中，其缓慢的自然降解后成为水底绿植的营养物质，而不会成为藻类及其他浮游生物的营养物，所以不会造成水体富营养化。

7. 高纯度的有机膦反渗透阻垢剂在实际应用中有什么重要意义？

答：选用高纯度阻垢剂，投加量低，同时可避免系统受阻垢剂中的杂质影响而引发的生物、有机物等污染；可延长运行周期、减少膜清洗频次，从而降低系统运行成本；并可避免膜表面因频繁清洗而导致脱盐率下降的问题。

8. 为什么循环水系统中常用的性能评价方法不适合于反渗透阻垢剂的性能评价？

答：循环水的性能评价方法（动态或静态）都无法模拟膜表面浓差极化现象，故没有代表性；循环水系统水流是在系统内循环流动的，对阻垢剂性能的要求是发挥作用可以慢一点，但一定要有持久性；反渗透系统中水流是快速流过膜面，要求阻垢剂发挥作用一定要快速，对药效保持的时间基本没有要求；循环水中还要考虑药剂的缓蚀功能，反渗透阻垢剂只需考虑阻垢，无须考虑缓蚀。

9. 反渗透阻垢剂、还原剂、氧化剂的投加顺序是什么？

答：反渗透系统中，药剂的投加顺序为：首先投氧化剂，其次是还原剂，最后投加阻垢剂。

10. 反渗透阻垢剂使用过程中需注意的问题有哪些?

答：反渗透阻垢剂使用过程中需注意的问题有：

（1）阻垢剂与水源的匹配性并具有针对性，如对于高磷、高硅、高硫酸盐水源尤其要重视。

（2）关注水源变化，特别是采用废水为水源的系统。有变化要及时和药剂供应商沟通做出相应调整，另外现场运行管理要到位。

（3）每次巡检时记录溶药箱液位下降量，定期核算阻垢剂消耗量，如有消耗量下降，及时查找原因。

（4）定期校核计量泵。

（5）严格控制药剂稀释浓度和稀释操作。

（6）加强设备管理，避免诸如由于溶药箱进水阀门不严，造成药液过度稀释等异常情况的发生。

11. 如何减少化学清洗对膜造成的损伤?

答：（1）及时有效地清洗。当系统性能衰减、满足清洗条件时，及时采取措施，恢复膜系统性能。

（2）采用合理、针对性的恢复措施。对污染物进行专业、准确地判断，结合膜自身状况，制定具有针对性的清洗配方和清洗控制条件。

（3）采用膜专用清洗药剂。由于膜内污染大部分是复合性的污染，普通的酸、碱清洗剂不但对膜的刺激大，而且无法对系统膜污染物进行彻底清洗去除，造成系统的频繁污堵。

12. 影响清洗效果的因素有哪些?

答：影响清洗效果的因素，除了清洗方案、清洗药剂、流量、温度、pH值等外，还有对清洗细节的控制，如浸泡与循环时间长短、频率的控制、每一步中清洗强度的调整等。

13. 废水池容积如何选择?

答：废水池的存储量必须满足机组启动的排水量，根据不同机组大小选择不同的容积，中间水池和最终回用水池的容积一般为工业废水处理系统1~2h的处理量。

14. 工业废水处理设备加药装置如何布置？

答：加药设备的布置对工业废水处理设备的运行有较大的影响，一般储罐类中盐酸储罐单独布置，盐酸加药装置单独布置，由于盐酸中有易挥发的腐蚀性气体，在酸雾吸收器不能完全发挥作用时，会对其他设备造成酸气腐蚀。储罐布置到高位时加药装置应配备计量箱及相应的自动阀门，主要是因为当储罐的液位高于加药点时，不设置加药计量箱，容易造成药液对设备不运行的工业废水处理设备加药，计量设备失去计量功能，造成设备产水或偏酸性或偏碱性，导致设备无法正常运行。

15. 工业废水处理系统管道如何选择？

答：由于机组启动时工业废水存在温度较高的情况，所以工业废水系统中尽可能地选用碳钢衬氟或衬塑的材料，禁止选用硬聚氯乙烯（UPVC）之类的材料，虽然该种材料也可以满足防腐蚀的要求，但是在较高温度时容易产生变形。另外，在回用水泵对外供水时，用水点的阀门可能存在不定时关闭状态，即使水泵出口设置压力变送器，水泵设置为变频泵，也存在短时压力较高的危险。所以，在工业废水处理系统中尽可能不选用或禁止选用UPVC类材质的管材，避免影响生产的安全性。

16. 如何选择管道的自流流速？

答：在正常的设计中，通常对自流管道的流速选择为小于1mm/s，但是在工业废水处理系统中，设备的高程之间一般不超过1m（多数设备受到构筑物高度限制等成本因素的影响），所以建议工业废水自流管道流速按小于0.5mm/s选择。

17. 设备基础的形式如何选择？

答：设备按整块基础制作，用水冲洗地面或设备时，容易造成设备底部与基础之间存水，时间较长造成设备的底部腐蚀，为了避免类似事情的发生，一般选用一个设备只对支腿支撑或均匀单独分散基础支撑。

18. 超滤或反渗透设备管道的堵头宜采用什么连接方式？为什么？

答：超滤或反渗透设备管道的堵头尽可能不要选用堵头方式，

宜采用法兰和法兰盖连接。因为超滤和反渗透设备在未进行膜组装之前要用大量的清水对设备进行冲洗，保证设备管道内部无任何的颗粒物质，如残存有颗粒物质在设备安装上膜之后，运行时容易造成膜产品的损伤，造成不必要的经济损失。采用法兰和法兰盖连接时，可以在大流量冲洗时打开法兰盖，使水尽可能地冲洗到设备的每根管道后排出，避免颗粒物的残留，如果选用堵头则无法满足颗粒物的彻底排出。

19. 当工业废水处理设备产水自流且需要加药时，混合装置如何选择？

答：工业废水处理设备产水自流且需要加药时，可选用推流沟道或者后混池的构造形式，谨慎选用管道混合器，由于管道混合器内部气旋装置，虽然混合效果较好但阻力较大，在自流管道上需要在前后设备高程足够的条件下选用。

第三章 循环排污水处理

第一节 循环排污水处理系统

1. 循环冷却水塔池为何要设排污设施？

答：循环冷却水通过冷却塔时，水分不断蒸发，水中的盐类被浓缩，可能会引起结垢或腐蚀。水在与空气的接触过程中，把空气中的大量灰尘洗涤在水中，增加了循环水的浊度，导致污泥沉积。还有，在冷却水运行过程中不断加入的化学药剂，工艺介质的泄漏，水中污染物、杂质不断增加影响水质，因此必须排掉部分循环水，补充新鲜水。

2. 循环水排污水处理系统的常规工艺路线有哪些？

答：循环水排污水处理系统的常规工艺路线有：

（1）石灰软化法+过滤器+超滤+反渗透+离子交换。

（2）过滤器+弱酸性阳离子软化法。

3. 循环水排污水处理后根据水质的不同可用于哪里?

答：循环水排污水处理后根据水质的不同可用于：

（1）循环水补充水。

（2）脱硫用水。

（3）锅炉补给水。

第二节 循环排污水处理系统基本概念

1. 什么是“干法”石灰计量系统?

答：“干法”石灰计量系统也称为定流量变浓度石灰计量系统，通过计量消石灰分量来满足系统进水流量及进水水质变化，运行中石灰乳浓度变化，但石灰乳投加泵出口流量恒定。

2. 什么是“湿法”石灰计量系统？

答：“湿法”石灰计量系统也称为定浓度变流量石灰计量系统，通过计量石灰乳量来满足系统进水流量及进水水质变化，运行中石灰乳浓度恒定，但石灰乳投加泵出口流量变化。

3. 什么是超滤？

答：超滤是膜的筛分过滤技术，过滤精度一般在0.01~0.1 μm之间。

4. 什么是反渗透？

答：反渗透又称逆渗透，是一种以压力差为推动力，从溶液中分离出溶剂的膜分离操作。因为它和自然渗透的方向相反，故称反渗透。

5. 浓缩倍率的含义是什么？

答：浓缩倍率的含义是循环冷却水中的含盐量或某种离子的浓度与新鲜补充水中的含盐量或某种离子浓度的比值。因为水中Cl^-一般不会生成沉淀物或氧化还原，更不会挥发，所以经常采用循环水中的氯离子浓度与补充水中氯离子浓度的比值，表示循环水中含盐量的浓缩倍率。

第三节　循环排污水处理系统设计与运行中的注意事项

1. 循环排污水处理系统中澄清设备的上升流速如何选择？

答：循环排污水处理系统中澄清设备应按照0.4~0.6mm/s上升流速中较低上升流速选择，保证产水的稳定性。

2. 超滤和反渗透系统的清洗设备为什么不建议共用？

答：由于反渗透膜耐氧化性较差，超滤系统清洗时通常选用的是带有氧化性的清洗液，如系统冲洗不干净，会造成反渗透膜的损坏。

3. 污泥系统为何要设置冲洗设施？

答：污泥系统设置冲洗设施的主要原因在于，污泥管道如不进行冲洗会对管道造成污堵，致使系统后期运行不畅，通常需要对排泥设备管道及输送设备管道分别冲洗。

4. 石灰筒仓物料高度测量设计时为什么不选择料位开关而选择雷达物位计？

答：石灰筒仓物料高度测量设计时不选择料位开关而选择雷达物位计，是由于石灰料位计不能实时测定物料的位置，不方便运行人员统计及校核加药量。

5. 超滤装置反洗时反洗水管道是否需要增加压力变送器？

答：超滤装置反洗时反洗水管道宜增加压力变送器，以保证在压力超出设定值时停止超滤反洗水泵。若超滤产水母管已设置压力变送器，且能测量到超滤反洗水压力，则超滤反洗水管道可不设压力变送器。

6. 超滤装置清洗时清洗水管道是否需要增加 pH 计？

答：超滤装置清洗时清洗水管道需要增加pH计，主要原因是可以更直观地控制设备的清洗加药量，节约成本且降低对水体的污染。

7. 石灰计量系统中配置石灰乳的浓度宜为多少？

答：石灰计量系统中配置石灰乳的浓度宜为2%~5%。

8. 为什么处理浓水的反渗透前需要加酸处理？

答：由于反渗透浓水侧偏碱性，不加酸处理单加阻垢剂多数情况下达不到阻垢效果。

9. 配置石灰乳时应选用什么样的搅拌器？

答：配置石灰乳时应选用机械搅拌器，搅拌器的搅拌桨宜设置上下两层，并采用耐磨材质。

10. 石灰乳加药量如何控制？

答：石灰乳加药量通过澄清池出水的pH值控制。

11. 澄清池翻池的原因有哪些?

答：澄清池翻池的原因有：

（1）进水流量太大或流量波动大。

（2）搅拌机搅拌速度太快或者太慢。

（3）刮泥机故障。

（4）加药量过大或者过小。

（5）澄清池内无泥渣或泥渣过多。

（6）没有及时冲洗，澄清池内斜管利用率低。

（7）进水温度变化。

（8）过多的反冲洗。

12. 澄清池运行及其注意事项有哪些?

答：澄清池运行及其注意事项有：

（1）当出水清澈透明时，为最佳出水品质，应保持稳定运行。

（2）当出水发浑，应调整加药量。

（3）当出水着色成灰色，说明加药量过多，应减少加药量。

（4）当出水区有矾花上浮，说明进水量过大或泥渣过多，应降低进水流量或进行排泥。

（5）当清水浊度较低时，刮泥机可间断运行，但应注意不得压耙。

（6）澄清池停运时间较短时，搅拌机和刮泥机均不宜停止运行，以防泥渣下沉，停池时间较长应将泥渣排空或放空，以防刮泥机压耙。

13. 什么是保安过滤器?

答：保安过滤器是一种精密过滤器，其用途是确保颗粒状的物质不能进入反渗透装置，保证反渗透膜的安全。

14. 什么是半透膜?

答：天然或人造的薄膜对于物质的透过有选择性，这种膜称为半透膜。

15. 什么是渗透压?

答：渗透压是为了在半透膜两边维持渗透平衡而需要施加的

压力。

16. 什么是反渗透膜？

答：反渗透膜是用高分子材料制成的、具有选择性半透膜性质的薄膜。用于水处理的反渗透膜可以阻止水中的离子和有机物分子通过膜，而允许水分子透过。

17. 按材料来分反渗透膜主要有哪几种类型？

答：按材料来分反渗透膜主要有两种类型，分别为醋酸纤维膜和聚酰胺类材料制成的复合膜。醋酸纤维膜是最早使用的反渗透膜，但近年来已逐渐被复合膜取代。

18. 反渗透膜的主要特性有哪些？

答：反渗透膜的主要特性有：

（1）膜分离的方向性。在反渗透膜工作时，水只能由皮层向支撑层的方向透过而不能逆向流动。

（2）膜分离的选择性。反渗透膜对于不同电荷数、水合离子半径、分子体积的不同种类离子和有机物分子具有不同的分离效果。

（3）膜的稳定性。反渗透膜的稳定性包括水解稳定性和化学稳定性两个方面，稳定性越好，使用寿命越长。

19. 影响反渗透膜的稳定性因素有哪些？

答：影响反渗透膜的稳定性因素有：

（1）水温。水温升高会加速膜的水解速度。用于水处理的反渗透膜，其使用温度一般不能大于45℃，为了延长膜的使用寿命，一般将进水温度控制在15~30℃。

（2）氧化。水中存在的氧化剂会对膜造成永久性的损坏。

（3）溶解。乙醇、酮、乙醚、酰胺等有机溶剂，对膜有一定的影响，必须防止此类有机物与膜的接触。

（4）微生物。细菌可以通过酶的作用分解膜。

（5）运行压力。在压力作用下，膜有可能发生非弹性形变，从而影响膜的透水率。

20. 什么是反渗透装置的回收率？

答：反渗透装置的回收率是指产水流量占进水流量的百分比。

工程设计中往往根据水质不同采用75%左右的回收率，回收率越高膜浓水侧结垢和污染的风险越大，回收率越低则排污水量越大，造成浪费。

21. 什么是反渗透的脱盐率?

答：反渗透的脱盐率是指反渗透装置除去的含盐量占进水含盐量的百分比。

22. 为什么反渗透淡水的 pH 值会降低?

答：用于水处理的反渗透膜基本上不能脱除水中的溶解性气体，因此在反渗透的透过水中，CO_2的比例提高，因而淡水pH值会降低。

23. 什么是污染指数?

答：污染指数（SDI）是在一定条件下，利用水过滤速度的衰减来衡量水质污染性大小的一项指标，主要是用来判断水中可过滤杂质对反渗透膜的污染能力。

24. 反渗透运行的主要注意事项有哪些?

答：反渗透运行的主要注意事项有：

（1）进水SDI一定要合格。

（2）高压泵入口压力不小于0.05MPa。

（3）短期备用要定时冲洗，长期停运后如果投运则应用柠檬酸清洗。

25. 如何防止反渗透膜结垢?

答：防止反渗透膜结垢，应该做好以下几个方面的工作：

（1）做好原水的预处理工作，特别应注意污染指数的合格，同时还应进行杀菌，防止微生物在系统内滋生。

（2）根据水质选择合适的阻垢剂及加药量，运行中回收率不超过设计值。

（3）在反渗透设备运行中，要维持合适的操作压力。

（4）在反渗透设备运行中，应保持浓水侧的紊流状态，减轻膜表面溶液的浓差极化，避免某些难溶盐在膜表面析出。

（5）在反渗透设备停运时，短期应进行加药冲洗。

（6）当反渗透设备产水量明显减少时，表明膜结垢或污染，应进行化学清洗。

26. 超滤压差大的原因是什么?

答：超滤压差大的原因是：

（1）超滤单元受污染。

（2）加药反洗不正常。

（3）产水流量偏高。

（4）反冲洗控制故障。

（5）进水水质恶化。

27. 反渗透装置进水流量低、压力低的原因是什么?

答：反渗透装置进水流量低、压力低的原因是：

（1）供水单元压力低或流量低。

（2）保安过滤器污堵。

28. 反渗透运行注意事项有哪些?

答：反渗透（RO）运行注意事项有：

（1）RO进水水质是否合格。

（2）阻垢剂、还原剂加药装置是否正常。

（3）RO是否出现不能排除的故障。

（4）严格按要求进行操作，防止损坏膜元件。不允许突然增大膜装置进水流量和压力，否则会造成膜的损坏。

（5）RO装置运行中严禁同时关闭产水出口气动阀和产水排放气动阀。

（6）RO装置停运一周以上时，需充2%亚硫酸氢钠溶液实施保护。

（7）RO高压泵进口压力必须大于0.05MPa。

29. 反渗透膜为什么要进行化学清洗?

答：一般运行条件下，反渗透膜可能被无机垢、胶体、微生物等污染，这些物质沉积在膜表面上，将会引起出力降低。因此，为了恢复膜良好的透水和除盐性能，需对膜进行化学清洗。

30. 为什么要测定阳床出水酸度?

答：在天然水中酸度主要由H_2CO_3形成，水中阳离子的量和阴离子的量是相等的。一方面，在阳床出水中，原水所含的全部阳离子与树脂交换后形成了H^+，会与全部阴离子组成相应的酸，所测定的阳床出水酸度是强酸酸度，因此生水碱度+阳床出水酸度表示水中阳离子的总量，故而测定阳床出水酸度的意义在于酸耗的计算及再生用酸量的调整；另一方面，阳床出水酸度也表示阴床所去除阴离子的量，阴床碱耗的计算也要用到。所以，测定阳床出水的酸度有重要的实用价值。

31. 水中各种离子在形成化合物时，它们的组合顺序会怎样排列？

答：水中各种离子在形成化合物时，其组合的基本顺序为：

（1）水中的Ca^{2+}首先与HCO_3^-组成$Ca(HCO_3)_2$之后，剩余的HCO_3^-才能再与Mg^{2+}组合成$Mg(HCO_3)_2$。组成的化合物都属碳酸盐硬度物质。

（2）水中Ca^{2+}、Mg^{2+}与HCO_3^-组合后，多余的Ca^{2+}再与SO_4^{2-}组成$CaSO_4$，其次Mg^{2+}与SO_4^{2-}组成$MgSO_4$，当Ca^{2+}、Mg^{2+}再多余时，才能与Cl^-组成$CaCl_2$、$MgCl_2$，这些组成的化合物都属于非碳酸盐硬度物质。如Ca^{2+}、Mg^{2+}与HCO_3^-组合后HCO_3^-有多余，可与Na^+组成$NaHCO_3$，组成的化合物则为负硬度物质。

（3）最后Na^+与SO_4^{2-}或Cl^-组成溶解度较大的中性盐。

32. 什么是碱性水和非碱性水？

答：当水中硬度大于碱度时，这类水称为非碱性水；当水中的碱度大于硬度时，这类水为碱性水。

33. 天然水中的硬度主要是什么离子？

答：天然水中的硬度主要是钙离子、镁离子。

34. 什么是树脂的交换容量？如何表示？

答：离子交换树脂的交换容量表示其可交换离子量的多少。其表示方法有以下两种：一是重量表示法，即单位重量离子交换树脂的交换能力，用mmol/g表示；一是体积表示法，即单位体积离子交换树脂的交换能力，用mol/m^3表示。因为树脂在不同形态时的体积因其溶胀性的不同而不同，所以相应的交换容量也会有不同，通常规定阳树脂的交换容量以H型树脂体积为准，阴树脂的交换容量以Cl型树脂体积为准。

35. 什么是树脂的工作交换容量，在实际使用中工作交换容量有什么意义？

答：（1）树脂的工作交换容量是树脂在实际运行条件下的离子交换能力，常用于对实际运行过程的分析和计算。树脂的工作交换容量决定于实际运行中树脂的再生程度、水中的离子浓度、交换器树脂层的高度、水的流速、交换器的水力特性及交换器树脂失效终点的控制等因素。

（2）在实际使用中，树脂工作交换容量的意义为：在离子交换过程中树脂共能交换的离子总量，所以交换器树脂工作交换容量高即表示交换器运行周期内能交换的离子量多，也就是交换器周期制水量高、交换器的经济性能好。

36. 怎样计算交换器运行中树脂的工作交换容量？

答：（1）交换器的树脂总工作交换容量=交换器在运行中总制水量×（进水离子浓度–出水离子浓度）。

（2）交换器内树脂的平均工作交换容量=交换器树脂总交换容量÷交换器内树脂的有效体积。

37. 树脂在储存时应注意哪些事项？

答：树脂在储存时应注意以下事项：

（1）树脂在长期储存时，为使其稳定，应将其变为中性盐型。

（2）树脂在储存中应保持湿润防止失水。

（3）树脂应尽量保存在室内，环境温度保持在5~40℃，绝对不应低于0℃，防止树脂冻结崩裂。

（4）为了防止细菌在树脂中繁殖，最好将树脂浸泡在蒸煮过的水中。

38. 新阳树脂开始使用前应做哪些预处理？

答：对新阳树脂的预处理流程为：

（1）树脂清洗。

（2）用2%~4%浓度的NaOH浸泡4~8h。

（3）清洗。

（4）用5%浓度的HCl浸泡8h。

（5）清洗待用。

39. 新阴树脂开始使用前应做哪些预处理？

答：对新阴树脂的预处理流程为：

（1）树脂清洗。

（2）用5%浓度的HCl浸泡8h。

（3）清洗。

（4）用2%~4%浓度的NaOH浸泡4~8h。

（5）清洗待用。

40. 强酸阳树脂在交换过程中有哪些主要交换特性？

答：强酸阳树脂在交换过程中主要交换特性有：

（1）经强酸阳树脂交换后，水中阳离子全部转换成H^+，出水有酸度而无硬度和碱度。

（2）水中阴离子全部通过树脂层，其中的HCO_3^-会与H^+生成CO_2。

强酸树脂对水中的阳离子的选择性吸着顺序为：$Fe^{3+}>Ca^{2+}>Mg^{2+}>Na^+>H^+$。

41. 强碱树脂有哪些主要交换特性？

答：强碱树脂主要交换特性有：

（1）强碱树脂对水中阴离子的选择性为：$SO_4^{2-}>Cl^->OH^->HCO_3^->HSiO_3^-$，即它对强酸阴离子的吸着能力很强，对弱酸阴离子的吸着能力较小。

（2）对很弱的硅酸，它虽然能吸着其$HSiO_3^-$，但吸着能力很差。

42. 弱碱树脂有哪些主要交换特性？

答：弱碱树脂主要交换特性有：

（1）弱碱树脂对离子的选择性顺序为：$OH^->SO_4^{2-}>Cl^->HCO_3^-$。

（2）弱碱阴树脂只能吸着水中的SO_4^{2-}、Cl^-等强酸根，对弱酸根HCO_3^-的吸着能力很差，对更弱的硅酸根$HSiO_3^-$不能吸着。

（3）OH型弱碱树脂对强酸根和弱酸根的吸着是有条件的，即吸着过程只能在酸性溶液中进行，如果水的pH值过大时，水中的OH^-浓度大，因为弱碱树脂对OH^-会优先吸着，别的离子就不能取代它。

（4）OH型弱碱树脂在运行中转变成Cl型时，其体积会有约25%

的收缩。

43. 弱酸树脂有哪些主要交换特性?

答：弱酸树脂主要交换特性有：

（1）在离子交换过程中，弱酸树脂只能与水中的碳酸盐硬度交换而生成碳酸，与其他阳离子不起作用。因此，利用弱酸树脂时在去除水中碳酸盐硬度的同时，也降低了水的碱度。

（2）弱酸树脂即使在去除水中的碳酸盐硬度时，也有一定的泄漏率，而且泄漏率会随着弱酸树脂的失效程度加深而不断增大。

（3）由于弱酸树脂不能去除除碳酸盐硬度外的非碳酸盐硬度和钠离子等其他阳离子，所以在除盐过程中必须与强酸树脂联合应用。

弱酸树脂的工作交换容量高，价格也高，而且它的离子交换有严重的局限性，因此它在大多数碳酸盐硬度较低的地表水的处理中有一定的限制。

44. 离子交换过程应遵守哪些基本原则?

答：离子交换过程应遵守以下基本原则：

（1）离子交换遵循等摩尔量交换的原则，即水中1mol的离子与树脂上同等的1mol离子进行交换，即各离子在交换前后的摩尔量是相等的。

（2）离子交换应符合质量作用定律，即化学反应速度与反应物浓度的乘积成正比。离子交换过程和化学反应同样符合质量作用定律，即改变水中的离子组成可以控制交换过程的进行方向。

45. H型树脂交换过程中各种吸着离子在树脂层中有怎样的分布规律?

答：当含有多种离子的水在固定床内与H型树脂交换时，它们在树脂层内的分布规律如下：

（1）吸着离子在树脂层内的分布，是按其被树脂吸着能力的强弱，自上而下依次分布的。最上部是吸着能力最强的离子（即选择性最强的离子），最下部是吸着能力最弱的离子。

（2）各种离子的被吸着能力差异愈大，在树脂层中的分层愈明显。各种离子的被吸着能力差异较小时，在树脂层中分层不明显。例如，同是二价的Ca^{2+}和Mg^{2+}因它们的选择性差别小，在树脂层内混排在同一层内，只是在此层的上部Ca^{2+}含量较大，而在下部则Mg^{2+}的含量较大。

46. 有 Fe^{3+}、Ca^{2+}、Na^{+} 的进水经过 H 型树脂的交换，正常出水中应含哪些离子？

答：含有Fe^{3+}、Ca^{2+}、Na^{+}的进水经过H型树脂的交换，正常出水中应含H^{+}和少量漏过的Na^{+}。

47. 交换器内树脂层的总高度对运行经济性有什么影响，为什么？

答：在交换器失效时，交换器工作层内的树脂并没有全部失效，但因为树脂层内工作层的厚度相对是固定的，所以当树脂总层高较低时，工作层厚度占总层高的百分率就相对降低，未完全利用的树脂的百分率也就较高，交换器的总交换容量就相对地也降低；当提高树脂层总高度时，既提高了树脂的利用率，又提高了交换器运行的经济性。

48. 化学除盐过程的主要原理是什么？

答：化学除盐过程的主要原理是：

（1）水中的阳离子经强酸阳树脂交换后，全部转变成H^{+}。

（2）水中的碱度HCO_3^-与H^{+}可生成CO_2。

（3）水中的剩余阴离子经OH型树脂交换后，全部转变为OH^{-}。因此，经H型和OH型树脂交换后，水中只有H^{+}、OH^{-}和水分子。

（4）因为离子交换是等摩尔量进行的，水中阳离子交换后生成的H^{+}和阴离子交换后生成的OH^{-}与原来水中的阳、阴离子一样也应是等摩尔量的，所以出水应为中性，其pH值仍应约等于7。

49. 交换器正常启动时应该如何操作？

答：首先打开交换器空气阀，稍开进水阀向交换器进水，随着水不断进入，交换器内原存的空气由空气阀排出，可以用手在空气阀下试探排出的气流来判明交换器在正常进水。当交换器进满水时，空气阀就有水溢出，关闭空气阀，打开交换器正洗排水阀，开大进水阀，调节进水流量至正常运行时控制的水流流量，交换器正洗至排水达到正常运行时的出水水质标准，关闭正洗排水阀，打开交换器出水阀开始运行制水。

50. 交换器内树脂层失水后在启动前应该如何进水?

答：应先由交换器上部进水至水位高于树脂层后，改由底部进水至空气阀溢水为止。因为由交换器上部进水时，树脂颗粒间夹杂的空气不能排除，因此必须采用底部进水将空气随上升的水流同时排除。但当交换器树脂层内无水时，由交换器底部进水会因树脂颗粒间的摩擦力使树脂层成一个整体上抬，此时会造成中排装置的弯曲或断裂。

51. 监视交换器在运行中进水和出水的压力有什么作用？

答：监视交换器在运行中进水和出水的压力主要是监视水流经过交换器树脂层时的压力降，也即水流流经树脂层时的阻力。影响阻力的因素很多，包括交换器的水流流量、树脂层的总高度、树脂层面小树脂颗粒的粒径和层厚、运行中树脂层面的截污程度等。由于上述因素的影响，交换器经过若干周期运行后与刚投运周期相比，其压力降会增高，过高的压力降会造成交换器中排装置故障，因此当压力降过高时交换器树脂层就应该进行反洗，以排除树脂层中的树脂碎片和积聚的污物。

52. 怎样调节交换器正常运行的出力？

答：交换器的出力=交换器截面积×流速，通常当进水含盐量不超过5mmol/L时，除盐系统交换器运行流速选用5～25m/h，由此可以由交换器的截面积算得交换器运行时的正常出力。但交换器运行流速会受进水水质和树脂特性等的影响，选用较高流速时会增加树脂层的阻力，运行中会容易造成中排装置的故障，同时还会降低树脂的平均工作交换容量。

53. 交换器进水装置的作用原理是什么?

答：交换器进水装置的作用原理是：

（1）使进入交换器内的水流分配均匀。

（2）使进水不会直接冲击树脂层表面，保持树脂层表面平整。

（3）反洗时将树脂层内的悬浮物及破碎的树脂随反洗水排出交换器。

54. 交换器出水装置的作用原理是什么?

答：交换器出水装置的作用原理是：

（1）支撑树脂层，过滤水流，使出水水流均匀的通过树脂层引出交换器。

（2）反洗和再生时均匀地分布水流和再生液。

（3）防止运行中跑漏树脂。

55. 预脱盐除盐系统对进水有什么要求？

答：根据DL 5068—2014《发电厂化学设计规范》规定，除盐系统对进水的浊度要求小于1NTU，残余氯含量要求小于0.1mg/L，污泥污染指数SDI_{15}小于5，锰小于0.3 mg/L。

56. 水中悬浮物、有机物含量和残余氯含量过高对除盐系统运行有什么影响？

答：水中悬浮物过高在检测时的表征为浊度超标，长期运行会污染树脂，增加运行中树脂层的阻力、降低树脂的交换容量。反洗时，过量的悬浮物进入树脂层，会积聚在树脂层内，造成运行中的偏流，影响出水水质。化学耗氧量（COD）表示原水中有机物的含量，水中的有机物过高主要容易污染强碱树脂，会堵塞强碱树脂的微孔、造成树脂结块。要降低水中的有机物含量，常用的方法是加氯，但氯对有机物氧化的同时，也会氧化树脂，使树脂结构破坏，缩短树脂的使用寿命，所以必须控制残余在水中的氯的含量。

57. 如何处理水中的悬浮物、有机物含量和残余氯？

答：通常经过混凝处理后的水质，出水悬浮物控制为5~25mg/L，再经过滤，悬浮物应不超过2mg/L，水中有机物含量会降低50%~70%，如果在净水过程不采用加氯来去除有机物，则水中不会存在残余氯。

58. 运行统计中怎样来计算阳床的进水离子含量？

答：运行中阳床的进水离子含量通常用阳床进水的碱度与阳床出水的酸度相加的和来计算。因为阳床进水中的所有阳离子经过阳床后，都应交换为氢离子，此时有一部分氢离子会与水中的碱度生成二氧化碳而消耗，所有测定阳床出水的酸度实际上是与碱度反应后剩余的氢离子。进水中的氢离子总含量就应包括阳床出水的酸度与进水的碱度的和。

59. 运行统计中怎样来计算阴床的进水离子含量？

答：阴床的进水中的离子含量即阳床出水中所含的阴离子，此时，原水中的碱度已生成二氧化碳而消失，所以阳床出水的酸度即为阴床进水的离子含量。但是，在滴定碱度时弱酸阴离子在指示剂显色时并不包括在内，所以，阴床进水中的离子含量应等于阴床进水酸度+进水中[CO_2]/44+进水中[SiO_2]/60。在阴床进水中所含弱酸阴离子包括经过除碳器后剩余的微量二氧化碳和原水中原有的二氧化硅，其总含量通常很低而且很稳定，因此，在计算时，一般用阳床出水的酸度加0.2或0.3来计算阴床的进水离子含量。

60. 阳床出水进入除碳器除去的二氧化碳是哪里来的，其含量如何计算？

答：阳床出水进入除碳器除去的二氧化碳，其中除了有一小部分是原水中本来所含的气体外，大部分是原水中所含的碱度（即重碳酸根离子）与原水中的阳离子经阳树脂交换后生成的氢离子中和后的产物，即$HCO_3^-+H^+=H_2O+CO_2$。其含量可以通过原水中重碳酸根离子的含量来计算，因为水中每含有1mmol/L的重碳酸根离子，交换后就会生成1mmol/L的二氧化碳，即要除去的二氧化碳的摩尔量应该等于原水的碱度。

61. 在除盐过程中阳床出水的钠离子含量如何变化？

答：在化学除盐过程中，当阳床树脂层中的氢和钠的离子交换全部变为钠离子的饱和层后，此时的树脂层对钠离子已无交换能力，即钠离子会直接流过树脂层，但在此同时进水中的钙离子仍不断地从饱和了的Na型树脂层中交换出钠离子，因此，此时出水中钠离子的浓度会超过进水，直至树脂层中的Na型树脂层消失，出水中的钠离子浓度才会与进水的钠离子浓度保持相等。

62. 阳床在正常运行中，当进水的硬度增加时，对交换器的周期制水量和出水的含钠量有哪些影响？

答：阳床在正常运行中，当进水的硬度增加时，交换器树脂的平均工作交换容量会降低，这是因为在交换后的树脂层中，Ca型树脂层的高度会增加，它会使Na型树脂层向下移动的速度加快，因而交换器会提前到达失效终点，使交换器树脂的总交换容量降低，周期制水量减少。但在交换器正常运行中，虽然进水硬度增加了，其出水的含钠量并不会有影响，因为正常运行时在交换器树脂层中只要有未交换的树脂层（即保护层）存在，水中的钠离子都能有效得到控制。

63. 交换器在实际运行中，树脂层中的工作层尚未与树脂层底接触，为什么出水中会有应该去除的离子出现？

答：以阳离子交换器为例：在阳交换器的实际运行中，当树脂层中的$H^+ \rightleftharpoons Na^+$离子交换层尚未与树脂层底接触时，树脂层中的下层H型树脂层能使交换层中泄漏的Na^+离子进一步得到彻底交换，即交换层下的树脂层能起到保护层的作用，此时在出水中就不应有Na^+存在。但是在实际阳床的运行中，即使在这阶段的出水中仍然会有微量的Na^+，这主要因为交换器在实际运行中使用的再生剂中往往会含有一定量的杂质（用来再生阳床的工业盐酸中会包含有约5%的Na^+，用来再生阴床的工业液碱中也会包含有约5%的Cl^-），因此再生后的底层树脂层中就会包含有一定量的Na型树脂，在正常运行中，由于经上层树脂交换后的水流中含有较高的H^+浓度，遇到底层的Na型树脂时，离子交换反应会逆向进行，使底层中的Na型树脂交换成H型树脂而同时放出Na^+，使出水中含有微量的Na^+。

64. 阳床再生后投运时的出水含钠离子量偏高，主要有哪些原因？

答：在阳床树脂层与水中离子进行交换时，按理论讲只要在氢钠离子交换层下尚存在有未进行交换的H型树脂层，就不应有钠离子进入出水中。但是当未进行交换的H型树脂层中混有未彻底再生的Na型树脂时，这些Na型树脂会不断交换出钠离子进入出水中，使出水含钠离子量偏高。所以交换器底层树脂的再生度会直接影响到出水钠离子含量。在实际运行中，造成底层树脂的再生度下降的主要原因有：

（1）再生时所采用的工艺：如果采用顺流再生，则因上层树脂的再生产物全部要通过底层树脂层而排除，所以底层树脂的再生度较难提高。

（2）再生时进酸量不足，使底层树脂中存在一些未彻底再生的Na型树脂。

（3）再生中树脂层松动，树脂颗粒随再生液产生扰动，使上层失效的树脂混入底层树脂层。

（4）长期运行中水流使树脂层过于压实而产生偏流。

（5）再生过程使用的酸液不纯，其中含有较大量的钠离子等。

65. 阳床出水漏钠及阴床出水漏硅对除盐水的水质有哪些影响?

答：阳床出水漏钠即阳离子交换系统已不能将水中所有的阳离子都转换成氢离子，阴床出水漏硅表明阴离子交换系统已不能将水中所有的阴离子都转换成氢氧根，所以此时在系统出水中的氢离子和氢氧根已不能达到平衡，出水中就会存在钠离子、二氧化硅以及过剩的氢离子或氢氧根。由于水中的氢离子和氢氧根已不能达到平衡，此时出水的电导率会增高，pH值也会偏离7.0。因此，都会造成系统出水水质的降低和恶化。

66. 为什么阳床出水的漏钠会影响到强碱树脂的除硅效果?

答：强碱树脂的除硅必须在pH值较低的情况下进行，此时水中的硅酸化合物以H_2SiO_3的形式存在，交换后生成电离度很小的水，在强碱树脂交换时，反应能很好地进行；当阳床漏钠时，与水中的$HSiO_3^-$形成$NaHSiO_3$，在阴树脂的交换过程中会生成NaOH：$ROH + NaHSiO_3 = RHSiO_3 + NaOH$，而$OH^-$会干扰阴树脂的交换过程，使阴树脂的除硅不彻底。

67. 当阴床进水酸度增加时，对阴床的正常运行水质和周期制水量有什么影响?

答：当阴床进水酸度增加，即阴床进水中强酸阴离子含量增加，这样，就增加了阴树脂层的负荷，会相应地降低阴床的周期制水量，但因出水水质主要由阴床的底层树脂（即保护层）决定，所以对出水水质不会有影响。

68. 当阴床进水硅离子增加时，对阴床的正常运行水质和周期制水量有什么影响?

答：当阴床进水硅离子增加时会增加阴树脂的负荷，也会影响阴床的周期制水量，但正常运行中只要阴树脂没有失效，就不会影响出水的含硅量。

69. 当阴床进水有机物增加时，对阴床的正常运行水质和周期制水量有什么影响?

答：当阴床进水有机物含量增加时会影响强碱阴树脂的工作交换

容量，长期得不到改善时会对出水水质造成影响。因为有机阴离子主要是一些蛋白质和腐殖酸，它们的大分子会堵塞树脂颗粒的微孔，妨碍水中的离子与树脂的接触和交换。而且有机物的堵塞很难通过正常的清洗和再生来排除，长期作用于树脂会导致树脂结构的破坏而使强碱树脂提前报废。

70. 当阴床再生用碱量不足时，对阴床的正常运行水质和周期制水量有什么影响？

答：再生用碱量不足时，会导致阴床失效树脂得不到充分地再生，因而会影响到阴床的周期制水量。如果用碱量过少，则会影响到阴床底部树脂的再生度，这样就会直接影响阴床运行中的出水水质。

71. 当阴床再生中再生液温度降低时，对阴床的正常运行水质和周期制水量有什么影响？

答：再生时决定水中离子在树脂颗粒中扩散的是内扩散，当再生液温度较低时，再生液中的OH^-的扩散会受到较大的影响，从而会影响到OH^-与失效树脂的接触，影响到树脂的再生效果，使运行中出水含硅量增高，周期制水量也会有所下降。当提高再生液温度时，再生效果会明显地得到提高，水质也会得到明显的改善。

72. 当除碳器故障，阴床进水除二氧化碳效果降低时，对阴床的正常运行水质和周期制水量有什么影响？

答：当除碳器故障使除二氧化碳效果降低时，进水中会残留较大量的二氧化碳，这些二氧化碳随同水中原有的二氧化硅进入阴树脂内，由于阴树脂对二氧化硅和二氧化碳的吸着能力极接近，它们在树脂层内的分布也几乎在同一层内，只是二氧化碳较二氧化硅再较上一些，所以当进水含二氧化碳增加时，不仅会降低周期制水量，使阴树脂提前失效，而且在正常运行中也会影响阴树脂对硅的吸着能力，使阴床正常运行中出水的含硅量增高。

73. 阳床应如何判断其失效终点？

答：阳床运行中出现下列情况，即判断为阳床树脂的失效：

（1）阳床出水含钠量超过200μg/L。

（2）阳床出水酸度比正常值突然下降超过0.1mmol/L。

（3）系统运行中阴床出水电导率突然升高，pH值也同时升高。

74. 阴床应如何判断其失效终点？

答：阴床运行中出现下列情况，即判断为阴床树脂的失效：

（1）阴床出水SiO_2含量超过100μg/L。

（2）阴床出水电导率突然升高，pH值突然下降。

75. 随着阳、阴床的失效，各出水水质如何变化？

答：当阳床失效时，随着Na^+漏入出水中，交换器出水的酸度逐渐降低，Na^+逐渐升高，而电导率则开始下降。同时，由于阳床失效，Na^+漏入使阴床出水中的OH^-会与Na^+形成NaOH，所以阴床出水的pH值也会升高，含硅量也相应地升高，电导率则因出水中的H^+因漏钠而减少，使水中的OH^-过多而使电导率升高。

当阴床失效时，随着硅漏入出水中，交换器出水的含硅量逐渐升高，pH值逐渐降低，而电导率则开始上升。

76. 阴床出水的电导率是由哪些离子的电导率组成的？

答：阴床出水的电导率实际上是由阳床出水中的H^+、Na^+和阴床出水中的OH^-、SiO_2的电导率所组成。

77. 阳床先失效，阴床未失效，阴床出水水质会产生什么变化？

答：阳床先失效，阴床未失效，阴床出水pH值升高，电导率升高。

78. 阳床未失效，阴床先失效，阴床出水水质会产生什么变化？

答：阳床未失效，阴床先失效，阴床出水pH值下降，电导率先下降后升高、硅含量升高。

79. 除盐系统运行中用什么指标来评价交换器树脂的运行水平？

答：评价树脂运行水平的指标为交换器树脂的平均工作交换容量，即每$1m^3$树脂在运行中平均交换的离子量的多少。因为树脂的平均工作交换容量与交换器的周期制水量不同，后者会受进水含盐量不同而改变，树脂的平均工作交换容量则排除了进水含盐量的影响。

80. 鼓风式除碳器的作用是什么？

答：鼓风式除碳器在运行中的主要作用是将含有CO_2的水在除碳器中自上而下地流下，与自下而上的空气充分接触。由于除碳器中的多面球填料把水分散成极薄的水膜，增加了水与空气的接触面积，空气越往上流，因与水流接触时间越长，其中的CO_2的浓度会越高，最终在除碳器顶部排出。而水越往下流，则其中CO_2的浓度越低，最后流入中间水箱的水其CO_2的残余浓度约为5mg/L。

81. 鼓风式除碳器的结构及各组件的作用是什么？

答：鼓风式除碳器的结构及各组件的作用是：

（1）进水装置：在除碳器顶部，主要作用为将进水分配在整个截面均匀地向下流，与上升的空气流充分接触。其结构大都采用支母管型式。

（2）空心多面球填料：除碳器内填满填料，使水流能在填料表面形成的水膜中与空气流充分接触，增加填料主要是为了增加接触面。通常用的填料是塑料空心多面球。

（3）底部水封管：为防止空气从除碳器底部漏出，在除碳器底部的出水口必须设置水封管，其结构型式有U形管和插入中间水箱液面下的直管。

（4）鼓风机：利用空气来去除水中CO_2时，$1m^3$进水约需$20m^3$的空气量，按交换器的出力即可选定所需的空气流量，选择相应的离心鼓风机。

82. 阴阳床的再生工艺有哪几种，实施中各有什么特点？

答：阴阳床的再生工艺可分为顺流再生和逆流再生两类，顺流再生是在再生中再生剂的流向和运行中水流的流向相同的再生工艺；逆流再生是在再生中再生剂的流向和运行中水流的流向相逆的再生工艺。在逆流再生中，由于再生剂的逆向流动会使树脂层扰动，由此影响再生效果，所以在逆流再生中必须要有有效的防止树脂层扰动的措施。由于所采用的措施的不同，逆流再生又可分顶压、无顶压、水顶压和低流速等不同的实施工艺。

83. 逆流再生有什么特点？

答：逆流再生的主要特点是：

（1）再生液首先接触交换器底部失效度最低的树脂，此时再生液的高浓度能保证树脂的离子交换进行。

（2）再生液向上流时，浓度逐渐降低，而且其中的再生排出离子浓度逐渐增高，但所接触到的树脂的失效度也逐渐增高，离子交换过程仍能有效进行。

（3）在交换器失效时，底部的部分未交换树脂层的交换容量仍能得到保存，所以再生剂比耗低。

（4）运行中出水离开交换器时所接触到的树脂是再生度最高的树脂，因此出水水质好。

（5）再生时因为再生液的流向是自下而上的，其流向会使树脂层产生上浮，使树脂层乱层，因此再生中必须要有防止树脂层上浮的措施。

84. 为什么在逆流再生过程中要防止树脂层的上浮？

答：逆流再生中再生液的流向是自下而上流经树脂层的，如果树脂层随液流上浮，就会造成树脂层的松动，树脂颗粒就会产生扰动，使下部仅部分失效的树脂与上部完全失效的树脂相混，同时在再生中已得到再生的树脂和上部尚未再生的树脂也相混，使再生中树脂层内不能形成一个自上而下其再生程度不断提高的梯度，也就不能保证交换器底部树脂层的高再生度，从而也就不能保证运行中的出水水质。

85. 阴阳床的中排装置起什么作用？

答：阴阳床中排装置是无顶压逆流再生工艺中防止树脂层产生扰动的主要结构，其作用为：

（1）小反洗、小正洗时均匀分配水流。

（2）再生时及时排出再生废液。

（3）过滤水流，避免树脂随再生废液一起排出。中排装置要求支管应严格水平，开孔分布均匀，无顶压再生时小孔流速不大于0.1m/s。

86. 为什么要在树脂层上设置压实层？压实层树脂在运行中是否参加离子交换？

答：树脂压实层用在逆流再生交换器中，是布设在中排装置上方的树脂层，运行中这部分树脂不参加离子交换反应，主要作用是再生时利用树脂间的摩擦力压实树脂层，防止树脂层因再生剂液流上浮而产生扰动，所以在无顶压再生过程中压实层必须保持无水。交换器的树脂压实层因为在再生过程中在中排装置的上面，它始终不能接触到再生剂，所以压实层树脂保持为失效状态，无法发挥其离子交换的作用。

87. 再生操作中影响再生效果的因素有哪些？

答：影响再生效果的因素主要有：

（1）再生剂的总用量。

（2）再生液的浓度。

（3）再生液的流速。

（4）再生液的温度。

（5）再生液的纯度。

88. 再生操作中再生剂的浓度对再生效果有哪些影响？

答：失效树脂的再生过程是树脂离子交换除盐过程的逆反应，根据反应平衡原理，要使再生反应进行，必须提高再生剂的浓度。但是对一定总量的再生剂提高其浓度就会减少其体积，使再生剂不能均匀地与树脂反应。所以，浓度超过一定的范围后，再无限制地提高浓度，反而会使再生效果降低。通常使用的浓度范围是：HCl为3%~5%，NaOH为2%~4%。

89. 再生操作中再生液的流速对再生效果有哪些影响？

答：因为再生过程的离子交换速度决定于树脂的内扩散，所以通常需要保证有足够的交换时间（一般不少于35min）。再生流速必须满足需要。当流速过低时，因为再生置换下的离子不能及时排走，会因为反离子的干扰而影响出水水质。常用的再生流速为2~4m/ h。

90. 再生操作中再生液的温度对再生效果有哪些影响？

答：在再生中反应速度是由离子的内扩散决定的，提高再生液的温度会加快树脂离子交换速度，尤其对阴树脂会明显的提高再生效果。实际操作中，要提高再生液的温度，必须先用热水通过树脂层使树脂层的温度先行提高，再用提高温度的再生液进行再生。

91. 再生操作中再生液的纯度对再生效果有哪些影响？

答：离子交换过程是平衡反应过程，再生剂的纯度会直接影响到反应的平衡，即会直接影响到交换器底层树脂的再生度，所以会对再生后的出水水质产生影响。其中杂质含量过高时，就会影响出水水质。

92. 喷射器的工作原理是什么?

答：喷射器工作时，由于喷射器喷嘴口径突然缩小，进水在喷嘴处产生较高的流速，产生局部压力的降低，因而再生剂被吸入，吸入的再生剂与进水混合后，又被提升压力输送进交换器进行再生。所以，喷射器在再生过程中的作用可归纳为对再生剂的吸入、混合（浓度调配）和输送。操作中只要控制好进水量和吸入再生剂量的比值，就能完成浓度的控制。

93. 怎样利用再生喷射器来调节再生液的流速及浓度?

答：再生中再生液的流速及浓度的控制主要由再生喷射器的工作水流量和喷射器吸入浓再生剂的流量来控制完成，再生液的流速决定再生喷射器的工作水流量，即喷射器工作水流量=再生液流速 × 交换器截面积。而再生液的浓度则在再生液流速决定后，进一步调节浓再生剂的流量来控制再生液的浓度。通常再生液的浓度调节可以用下列方法来实施：

（1）利用再生剂计量箱的液位下降速度来调节浓再生剂的流量以达到再生液所需的浓度。

（2）可直接通过浓再生剂流量计来调节浓再生剂的流量以达到再生液所需的浓度。

（3）可以直接用再生液浓度仪表来调节和控制再生液的浓度。当采用再生剂计量箱时，总的再生剂耗量可由计量箱液位下降高度来控制，而当采用浓再生剂流量计或再生液浓度仪表时，则再生剂的实际总用量可用进再生剂的时间来控制。

94. 什么是再生剂耗量?

答：再生剂耗量是指用每恢复1mol树脂交换能力所需的再生剂量。

95. 运行中怎样计算交换器的再生剂耗量和比耗?

答：再生剂耗量=浓度为100%的再生剂实际总耗量/交换器周期实际总工作交换容量，单位为g/mol。

再生剂比耗=再生剂实际耗量/再生剂理论耗量。

96. 无顶压逆流再生操作过程有哪些主要步骤？每一步有什么作用？应如何控制？

答：（1）小反洗。

作用：清洗压实树脂层内积聚的悬浮物、疏通中排小孔、平整压实层。

控制：用进水作水源，控制流速10m/h。

（2）放水。

作用：保证压实层树脂的顶压作用。

控制：排水至中排以上空间和压实树脂层无水。

（3）进再生液。

作用：恢复树脂的除盐能力。

控制：按规定的再生条件控制，用出水或除盐水作水源，确保树脂不上浮乱层。

（4）置换。

作用：用水流置换树脂层中残留的再生液。

控制：保持进再生液相同的运行条件，按规定控制置换时间。

（5）满水。

作用：保证床体满水。

控制：以进水为水源，满水至顶部排气出水。

（6）小正洗。

作用：清洗压实层中被再生产物污染的树脂。

控制：以进水为水源，控制流速8~10m/h，清洗10~15min。

（7）正洗。

作用：清洗整个树脂层中残留的再生液和再生产物。

控制：排尽交换器树脂层内空气后，用进水作水源，控制正常运行流速，清洗至排水水质合格。

97. 水顶压逆流再生操作过程有哪些主要步骤？每一步有什么作用？如何控制？

答：（1）小反洗。

作用：清洗压实树脂层内积聚的悬浮物、疏通中排小孔、平整压实层。

控制：用进水作水源，控制流速10m/h。

（2）顶部小流量进水顶压。

作用：保证压实层树脂的顶压作用。

控制：进水流速2~3m/h。

（3）进再生液。

作用：恢复树脂的除盐能力。

控制：按规定的再生条件控制，用出水或除盐水作水源；在交换器顶部进水的同时进酸，确保树脂不上浮乱层。

（4）置换。

作用：用水流置换树脂层中残留的再生液。

控制：保持进再生液相同的运行条件，按规定控制置换时间。

（5）小正洗。

作用：清洗压实层中被再生产物污染的树脂。

控制：以进水为水源，控制流速8~10m/h，清洗10~15min。

（6）正洗。

作用：清洗整个树脂层中残留的再生液和再生产物。

控制：排尽交换器树脂层内空气后，用进水作水源，控制正常运行流速，清洗至排水水质合格。

98. 交换器的无顶压逆流再生中进再生剂时，压实树脂层中是否应该有水？

答：交换器的无顶压逆流再生中进再生剂时，压实树脂层中应保持没有水进入，因为在无顶压逆流再生中控制再生效果的关键就是树脂层应该压实而不能上浮。树脂层的压实主要依靠干燥的压实层树脂颗粒间的摩擦力固定住压实层的树脂，压实层进水后，会降低压实层树脂颗粒间的摩擦力而使压实层树脂随整个树脂层同时上浮，从而使树脂乱层，影响再生效果。

99. 为什么有的交换器在无顶压逆流再生中，中排不是连续均匀地排水，而是间歇地排水？

答：这主要是由中排装置的结构造成的。在交换器再生时，再生液由下而上流经树脂层，当交换器内液位达到中排支管的小孔时，液流就会进入中排支管经中排总管而排出。但是当有些交换器的中排总管的位置设置在支管的上方时，此时总管高于支管，当液位达到支管时，液流无法排出，只有当液位高于支管而达到总管高度时，液流才会排出。同时，由于虹吸作用，排液会进行到交换器内液位低于总管而达到支管高度时，交换器内空气进入支管，使虹吸破坏，交换器排液停止。随着再生液的不断进入，交换器内液位又升高，达到总管高度时又会向外排液。交换器中排装置的这种结构型式对无顶压逆流再生的操作不利，因为在液流由支管高度上升至总管高度的过程中，容易造成树脂的上浮而影响再生效果。

100. 交换器再生中置换操作的主要作用是什么？如何决定置换所需时间？

答：置换操作的主要作用是用水流置换树脂层中残留的再生液，使全部再生剂能有效地发挥作用。置换操作过程主要保证总置换进水量应超过树脂层中积聚的再生液的体积，因为置换操作的终点控制并不对排水水质有特殊的要求，所以通常按保持进再生液相同的运行条件下的规定时间（30~40min）来控制。

101. 逆流再生中为什么每次再生只进行小反洗？为什么在间隔一定周期后要进行大反洗？

答：逆流再生中进水带入的悬浮物在树脂层中大都过滤在树脂层的面层，为了保存交换器底部树脂层中残存的工作交换容量和防止树脂层的乱层，所以每次再生只进行树脂压实层的小反洗，以洗去运行周期内由进水带入的悬浮物。但是，实际上每周期运行中仍会有一部分的悬浮物穿过压实层进入树脂层内，所以经过若干周期累积后，要采用大反洗操作彻底清洗树脂层内积累的悬浮物，同时大反洗操作也可对已压实的树脂层进行松动，以使运行中水流能均匀的流经树脂层。

102. 为什么在除盐系统中要采用弱酸、弱碱树脂？

答：因为弱型树脂在离子交换中发挥的工作交换容量比强型树脂要高出一倍以上，所以采用弱型树脂可以增加交换器周期制水量，同时也能适应高含盐量原水的处理。另外，采用弱型树脂时，由于它对再生剂的吸着能力强，因此再生剂耗量可以有大幅度的降低，在降耗的同时还降低了再生废液的排出浓度，节约了废液的治理费用。

103. 为什么在除盐系统中采用弱酸、弱碱树脂时要与强酸、强碱树脂联合应用？

答：因为弱酸、弱碱树脂在离子交换中具有不彻底性，例如弱酸树脂在离子交换中只能去除水中的碳酸盐硬度，对其他阳离子无法去除；又例如弱碱树脂在离子交换中只能去除水中的强酸阴离子，对硅离子就不能去除。所以，单靠弱型树脂的出水水质不能满足化学除盐工艺的要求，在除盐系统的使用中弱型树脂必须与强型树脂联合应用，依靠强型树脂来保证出水的水质。

104. 在弱、强型树脂联合应用中，弱型树脂和强型树脂在系统运行中各起什么作用？

答：采用弱、强型树脂联合应用时，主要依靠强型树脂来保证系统的出水水质，而用弱型树脂来提高系统的经济性能，例如增加系统的工作交换容量或降低再生剂耗量及降低系统再生时的排酸、碱浓度等。

105. 弱碱树脂和强碱树脂联合应用时有哪些主要交换特性？

答：（1）因为弱碱树脂的工作交换容量比强碱树脂高，因此利用弱碱树脂会增加系统的总交换容量，但因弱碱树脂对硅酸根不能吸着，所以在水的化学除盐中弱碱树脂必须与强碱树脂联合使用。当联合应用弱、强碱树脂时，既能增加交换器的总工作交换容量，又能控制交换后的出水水质。

（2）因为弱碱树脂极容易吸着水中的OH^-，所以再生时它可利用强碱树脂再生液中的余碱来进行再生，因而可以合理地利用和降低再生碱耗；同时，又可减少再生排出液对环境的污染。

（3）在联合应用中，因为弱碱树脂已经将水中强酸阴离子去除，改善了强碱树脂的进水水质，使强碱树脂的工作交换容量可以有更高的发挥。

（4）强碱树脂和弱碱树脂联合应用时，弱碱、强碱树脂装填量的计算原则为：弱碱树脂应按能足够吸着进水中的强酸阴离子所需的量计算，而强碱树脂则按吸着进水中弱酸阴离子的量来计算。

106. 弱酸树脂与强酸树脂联合应用时有哪些交换特性？

答：（1）因为弱酸树脂的工作交换容量比强酸树脂高，因此利用弱酸树脂会增加系统的总交换容量，但因弱酸树脂只能吸着水中的碳酸盐硬度，所以在水的化学除盐中弱酸树脂必须与强酸树脂联合使用。当联合应用弱、强酸树脂时，既增加了交换器的总工作交换容量，又控制了交换后的出水水质。

（2）弱酸树脂在交换过程中始终存在着离子泄漏，而且随着弱酸树脂层的失效程度的增加，离子的泄漏量会随之不断地加大。

（3）因为弱酸树脂极容易吸着水中的H^+，所以再生时它可利用强酸树脂的再生液中的余酸来进行再生，因而可以合理地利用和降低再生酸耗；同时，又可减少再生排出液对环境的污染。

（4）在联合应用中，因为弱酸树脂将水中碳酸盐硬度去除，改善了强酸树脂的进水水质，使强酸树脂的工作交换容量可以有更高的发挥。

（5）强酸和弱酸树脂联合应用时，弱酸、强酸树脂的装填量的计算原则为：弱酸树脂应按吸着进水中的碳酸盐硬度所需的量计算，而强酸树脂则按吸着进水中其他剩余阳离子的量来计算。

107. 按一般水质情况，在除盐系统采用弱、强型树脂时其弱、强型树脂的装填体积比会有什么不同?

答：因为进水中的离子组成不同，弱型树脂的工艺特性不同，计算所需的弱型树脂和强型树脂的体积比也必然不同。

在阴离子交换系统中，弱碱树脂主要去除水中的SO_4^{2-}、Cl^-等强酸阴离子，而HCO_3^-和$HSiO_3^-$等弱酸阴离子则只能依靠强碱树脂来去除。在实际水源中一般SiO_2含量较低，当水经H^+交换和去除CO_2后，水中HCO_3^-的残留量也极低，通常水中的弱酸阴离子总含量仅为0.3~0.5mmol/L，所以其弱、强型树脂装填体积比相应比较高，即弱碱树脂的用量会多于强碱树脂。而在阳离子交换系统中，弱酸树脂只能去除水中与HCO_3^-结合的Ca^{2+}和Mg^{2+}。而且由于其工艺特性，在离子交换过程中弱酸树脂还始终存在着一定的离子泄漏量，泄漏量随树脂失效度增加不断增加。而弱酸树脂交换过程中泄漏的离子和水中的其余阳离子则应由强酸树脂去除。因为通常水源中与HCO_3^-结合的Ca^{2+}、Mg^{2+}的摩尔量占总离子摩尔量的百分率不会太高，而且弱酸树脂的平均工作交换容量比强酸树脂要高，所以计算所得弱酸树脂与强酸树脂的体积比就会比较低，即弱酸树脂的用量会比强酸树脂少。

108. 在联合应用弱、强型树脂时，如果对弱、强型树脂的用量计算不正确，是否影响系统出水水质？

答：在联合应用弱、强型树脂时，如果对弱、强型树脂的用量计算不正确，只会影响到运行的经济性能，不会影响系统的出水水质。如果在运行中弱型树脂用量偏小，则运行中弱型树脂就先失效，此时系统的运行就相当于一台强型树脂交换器的单独运行，出水水质仍能由强型树脂层来保证；如果弱型树脂量偏大，则强型树脂层先失效，系统出水水质达到失效标准时，则系统停运，运行中系统出水水质也能得到保证。

109. 在联合应用弱酸、强酸树脂时，如果过量使用弱酸树脂，会有哪些影响？

答：因为弱酸树脂只能去除与HCO_3^-结合的Ca^{2+}和Mg^{2+}，而且在离子交换过程中还始终保持着不断增加的离子泄漏量，所以弱酸树脂的用量会受到水质的严格限制，过量使用弱酸树脂不但不会无限地增加系统的交换容量，反而会因为树脂数量的增加而降低系统树脂的平均工作交换容量。同时，又因为弱酸树脂的价格比强酸树脂高，过量使用弱酸树脂会大幅度地增加投资成本。

110. 为什么阴床采用弱碱树脂和强碱树脂联合应用工艺时，通常收益会比较明显？

答：阴床采用强碱树脂和弱碱树脂联合应用主要是利用弱碱树脂来扩大交换器树脂的总交换容量和降低交换器树脂的再生剂比耗。在阴床的交换过程中，弱碱树脂主要是去除水中的强酸阴离子，而通常在阴床的进水中强酸阴离子的含量大大高于弱酸阴离子的含量，所以采用高工作交换容量的弱碱树脂后，系统的总工作交换容量会有较大的提高，系统的周期制水量会有较大幅度的增加，碱耗也会有显著的降低。

111. 如果原水的碱度较高时，是否有必要采用强碱树脂和弱碱树脂联合应用工艺？

答：当原水中的碱度很高时，经过阳离子交换后大部分的碱度生成二氧化碳，因此经过除碳器后，进入阴床的离子含量会大幅度的降低。弱碱树脂主要用来去除水中的强酸阴离子，此时采用弱碱树脂的效果就会明显的降低，所以当原水碱度较高时，采用强碱树脂和弱碱树脂联合应用工艺意义不大。

112. 在什么情况下阳床采用弱酸、强酸树脂联合应用工艺会有较大的收益？

答：因为弱酸树脂虽然工作交换容量高，酸耗低，但是它在交换中只能去除水中的碳酸盐硬度，而地表水中碳酸盐硬度所占总阳离子的比例多数较低，当使用弱酸树脂时，因为弱酸树脂的价格比较高，所以应该考虑在经济上是否合理。但是如果原水的碳酸盐硬度很高，例如水源采用的是地下水，则采用弱酸树脂和强酸树脂联合应用会有极好的收益，尤其是当水源中的碱度大于硬度时（即水源为碱性水），有时则必须采用弱酸树脂和强酸树脂联合应用才能合理地安排离子交换系统。

113. 联合应用弱、强型树脂时常用的设备系统有哪些？运行的关键是什么？

答：在弱、强型树脂联合应用中常用的设备系统有：

（1）双层床：将弱强树脂同时装填在一台普通交换器内运行中依靠两种树脂的密度自行分层和再生。

（2）双室床：利用泄水帽孔板将交换器分成上下室分别装填弱强树脂运行和再生。

（3）复床：将弱强树脂分别装填在两台交换器内串联运行和再生。

不论哪种设备系统，运行中的关键是必须保证强型树脂层能得到彻底的再生，所以无论在哪种设备系统中，强型树脂的再生同样必须符合逆流再生的一切措施和要求。

114. 双层床的运行和再生应如何控制？

答：双层床内装填的强、弱型树脂是作为一个树脂层整体参加运行和再生的，在运行和再生中的操作和控制可以完全按照单床的运行和再生进行控制。

115. 在再生阴双层床时可以采用什么措施来防止因树脂体积收缩和形成胶体硅而影响再生效果的问题？

答：可以采用两步进碱的方法来对阴双层床树脂进行再生，具体的步骤为：

（1）悬浮进碱：失效树脂不需进行专门的反洗，直接由底部逆流进碱，废液由顶部通过反洗排水阀排出。进碱浓度约1%，流速4m/h，进碱量约为总碱量的1/2。进碱过程由于流速较低，树脂层逐渐松动、上浮，所以必须监视树脂层的膨胀高度，避免树脂随水流逸出。

（2）沉降排水：悬浮进碱结束后，静止约10min，使树脂自然沉降。然后排去树脂层上部空间的存水，保证树脂压实层无积水。

（3）无顶压逆流进碱：按传统操作方法无顶压逆流进碱，碱液由中间排液阀排出。进碱浓度为2.5%，流速4m/h，进碱量为总碱量的1/2。

（4）置换：以除盐水置换，流速4m/h，置换时间40min。

（5）正洗：以运行流速正洗至排水合格即可制水。

116. 为什么采用“两步进碱法”可以提高阴双层床的再生效果？

答：“两步进碱法”再生工艺操作过程与常规的无顶压逆流再生操作的不同仅在于在逆流再生前增加了悬浮进碱过程，当低浓度的碱液在无顶压的条件下以较低的流速流经树脂层时，可以将树脂颗粒托起呈悬浮状态，有意造成树脂颗粒产生一定幅度的扰动。这样，一方面可以有利于树脂的松动和反洗，使弱碱树脂和强碱树脂能较好地分层，同时也能使上层的弱碱树脂提前接触碱液，防止弱碱树脂在逆流再生时突然体积收缩而在压实层下造成水垫空间，造成树脂乱层。另外，低浓度的碱液可以防止强碱树脂再生时生成高浓度的硅化合物的排出液，避免在进入弱碱树脂层时因弱碱树脂吸着OH^-而产生胶体硅的析出和沉积，从而可以提高再生效果。

117. 在联合应用弱、强型树脂时使用双室床有哪些优缺点？

答：双室床设备是在交换器中间设置水帽孔板将交换器分隔成两室，分别装载弱强型树脂。由于树脂是分室装载，因此对树脂的颗粒直径和密度无特殊要求，但是设备的结构和投资都会增高。同时，由于分室后，为了保证出水水质，强型树脂在装填时要求在该室内不留水垫空间，这样就会影响到树脂运行中在交换器内的正常清洗，所以双室床系统必须设置树脂的体外清洗系统，这不仅增加了设备投资，同时还使操作麻烦，更会因树脂的体外清洗而增加树脂的磨损。

118. 使用弱、强型树脂双室床时运行成功的关键有哪些？

答：在使用弱、强型树脂双室床时，要保证运行的出水水质合格，必须要保证强型树脂的再生效果，关键是在再生时强型树脂层不应有乱层的现象发生。所以，在双室床组装中，必须保证强型树脂室内不留水垫空间。另外，双室床在树脂反洗时强型树脂的碎片常常会堵塞隔板上水帽的缝隙，影响水流量。所以，在双室床中，常常用惰性白球来充塞强型树脂室内的水垫空间。

119. 在联合应用弱、强型树脂时使用复床系统有什么优缺点？

答：复床系统是将弱强型树脂分别装在串联的两台交换器内同步运行和再生的系统。它可以适应高含盐量原水的处理，同时其运行周期长、周期制水量高。但是在占地面积和设备投资上都远远高于双层床和双室床设备系统，尤其是树脂费用成倍地增加，在操作上也较复杂。

120. 在使用复床系统时，弱型树脂和强型树脂的床型通常有什么不同，为什么？

答：在使用复床系统时，因为强床树脂的交换是主要保证系统的出水水质，因此强床的床型都采用逆流再生的床型。而弱床主要为了扩容降耗，采用顺流再生的床型可以简化设备结构和方便操作，所以弱床的床型大都采用顺流再生的床型。

121. 复床系统再生时强型树脂床的再生排出液为什么要先排入地沟，到何时可以串联进入弱型树脂床？

答：复床系统再生时，强型树脂床初期的再生排出液中大部分都是强型树脂床的再生产物，其中含过剩的再生剂量极少，直接排入地沟会有利于弱型树脂床的再生和清洗，尤其对阴床系统，强碱树脂床初期的再生排出液中含有较高浓度的硅化合物，直接进入弱碱树脂层容易形成胶体硅积聚在树脂层内。

当检测到强型树脂床的再生排出液中出现有过剩的再生剂时再引入弱型树脂床，使强型、弱型树脂床进行串联再生，不仅充分利用了强型树脂再生后过剩的再生剂，也避免了大量强型树脂再生产物带入弱型树脂床所造成的影响。

122. 如何计算弱酸阳床和强酸阳床的工作交换容量？

答：弱酸阳床工作交换容量=周期制水量×（弱酸阳床进水平均碱度–弱酸阳床出水平均碱度）。

计算中：①因为弱酸阳床出水的碱度会随着运行的延续不断地增加，计算出水碱度时必需取全周期出水碱度的平均值；②当出水呈酸性时则可取为碱度的负值。

强酸阳床工作交换容量=周期制水量×（弱酸阳床出水平均碱度+强酸阳床出水酸度）。

123. 阳复床系统树脂再生的主要操作步骤有哪些？

答：（1）切断强酸阳床和弱酸阳床的串联系统，弱酸阳床树脂进行反洗。

（2）强酸阳床树脂按单床逆流再生的要求进行反洗和进酸，再生排出液排入地沟。

（3）用甲基橙指示剂测定强酸阳床再生排出液变红色时，将强酸阳床再生排出液引入弱酸阳床进行顺流再生。

（4）强酸阳床进酸结束后，进行强酸阳床和弱酸阳床的串联置换。

（5）强酸阳床和弱酸阳床分别进行正洗，强酸阳床正洗至排水水质合格，弱酸阳床正洗至排水酸度稳定。

（6）弱酸阳床和强酸阳床串联运行制水。

124. 如何计算强碱阴床和弱碱阴床的工作交换容量？

答：弱碱阴床的工作交换容量=周期制水量×（弱碱阴床的进水酸度–弱碱阴床的出水平均酸度）。

强碱阴床的工作交换容量=周期制水量×（弱碱阴床的出水平均酸度+$[CO_2]/44$+$[SiO_2]/60$）≈周期制水量×（弱碱阴床的出水平均酸度+0.3）。

125. 什么是阴复床系统树脂的碱耗？

答：阴复床系统树脂的碱耗通常用恢复树脂1mol交换能力所需的NaOH量来表示。

126. 运行中如何统计阴复床系统树脂实际的碱耗及碱比耗？

答：实际碱耗=再生时总耗浓度为100%的碱重（g）÷阴复床系统

树脂总工作交换容量（mol）。

碱比耗=实际碱耗÷40。

127. 阴复床系统树脂再生的主要操作步骤有哪些？

答：（1）切断强碱阴床和弱碱阴床的串联系统，弱碱阴床树脂进行反洗。

（2）强碱阴床树脂按单床逆流再生的要求进行反洗和进碱，再生排出液排入地沟。

（3）用酚酞指示剂测定强碱阴床再生排出液变红色时，将强碱阴床再生排出液引入弱碱阴床进行顺流再生。

（4）强碱阴床进碱结束后，进行强碱阴床和弱碱阴床的串联置换。

（5）强碱阴床和弱碱阴床分别进行正洗，强碱阴床正洗至排水水质合格，弱碱阴床正洗至排水碱度稳定。

（6）弱碱阴床和强碱阴床串联运行制水。

128. 为什么采用混床可以提高水质？

答：在一级除盐系统的出水中，由于阳床的漏钠和阴床的漏硅，致使其出水中的H^+和OH^-不能达到平衡，因此水的电导率较高，pH值也不稳定。而在通过混床时，阳、阴树脂是呈均匀混合状态，所以在混床内的离子交换反应几乎是同时进行的，也就是阳离子交换和阴离子交换是多次交错进行的，所以交换后生成的氢离子和氢氧根都不能积累起来，交换反应不会受反离子的干扰，可以彻底地进行，出水水质就很高。

129. 混床内的阳、阴树脂装填量通常采用怎样的配比？

答：混床内离子交换树脂的装填体积通常采用的配比为：强酸阳树脂：强碱阴树脂=1：2。

130. 混床对装填的阳、阴树脂有什么要求，为什么？

答：因为混床再生时，阳、阴树脂要依靠其密度自然分层，所以要求混床的阳、阴树脂的湿真密度必须有明显的差别，通常要求其差别应大于15%~20%。

131. 混床再生前阳、阴树脂的分层通常采用什么方法？

答：混床的树脂分层通常是采用水力筛分进行，即利用反洗的水力将树脂悬浮起来，使树脂层达到一定的膨胀率，再利用阳、阴树脂的密度差达到分层的目的。一般阴树脂的密度较小，所以分层后阴树脂层在阳树脂层的上面。操作中通常先用低流速进行反洗，待树脂层开始松动后，逐渐加大反洗流速至10m/h，此时树脂层的膨胀率应大于50%，反洗10~15min，然后静止，树脂自然沉降分层。

132. 为什么有时候在混床树脂反洗分层前先要加入碱液？

答：阳树脂密度大于阴树脂密度，在实际操作中，阳、阴树脂能否很好地分层，除了树脂的湿真密度差外，还与反洗的水流速度及树脂的失效程度有关。因为树脂在吸着不同离子后的密度不同，对于阳树脂的不同盐型的密度排列为：Na型＞Ca型＞H型；对于阴树脂的不同盐型的密度排列为：硫酸型＞碳酸型＞氯型＞氢氧型；当交换器失效时底层树脂中尚未失效的树脂较多时，则由上述排列可知，未失效的阳树脂（H型）与已失效的阴树脂（硫酸型）密度差较小，造成树脂的分层困难，此时加入碱液，使阳树脂转成Na型，同时阴树脂则转成氢氧型，这样就可使阳、阴树脂的密度差加大，便于较好地分层。另外，阳、阴树脂在运行中会产生互相黏结，先加入碱液也可防止由此而引起的分层困难。

133. 通常采用的混床体内再生的操作方法有几种？

答：根据进酸、进碱和冲洗步骤的不同，可以分成同步法和两步法两种。同步法即在交换器再生和清洗时，由交换器上下同时送入的酸、碱液或清洗水，分别流经阳、阴树脂层后，由中间排液装置同时排出。而两步法则是对交换器内的阳树脂和阴树脂分别进行进酸、碱再生和清洗。

134. 两步法混床体内再生的主要操作步骤及控制指标是什么？

答：（1）混床再生前先进行反洗，采用10m/h流速，反洗控制时间10~15min。

（2）静置，待树脂层分层。

（3）放水至水位在交换器内树脂层面上约10cm处。

（4）由上部进碱管进碱，流速4m/h，碱液浓度4%，进碱时间大于15min；与此同时，由交换器下部进酸管进水，水流流经阳树脂层后，与废碱液一起由阳、阴树脂层分界面处的中间排液管排出。

（5）按同样流程进行阴树脂的置换，流速4m/h，时间大于15min。

（6）阴树脂进行正洗，流速15m/h，正洗水量按10m^{3}水/1m^{3}树脂控制，洗至排水的酚酞碱度低于0.5mmol/L以下。

（7）由下部进酸管进酸再生阳树脂，流速4m/h，酸液浓度5%，进酸时间大于15min；在此同时，应保持上部进碱管继续进水；水流流经阴树脂层后，与废酸液一起由阳、阴树脂层分界面处的排液管排出。

（8）按同样流程进行阳树脂的置换及清洗，流速4m/h，时间大于15min。

（9）阳树脂进行清洗，流速10m/h，由中间排液管排水，洗至排水酸度低于0.5mmol/L以下。

（10）交换器树脂进行整体正洗，由交换器顶部进水，由交换器正洗排水阀排水，流速15m/h，洗至排水的电导率低于1.5μS/cm以下。

（11）放水至交换器水位在树脂层面上约10cm。

（12）通入压缩空气进行树脂的混合，时间1~5min；在树脂混合后，必须有足够大的排水速度，迫使树脂迅速降落，避免树脂重新分离。树脂下降时，采用顶部进水，可加速其沉降。

（13）混合后的树脂层进行正洗，流速10~20m/h，洗至排水合格，即可投运制水。

135. 运行中的混床出水水质的合格标准是什么？

答：混床的出水应达到：二氧化硅含量不超过20μg/L；电导率不超过0.2μS/cm。

136. 怎样估算系统中与阳、阴交换器配套的混床交换器的直径？

答：计算混床交换器直径的方法与阳、阴交换器相同，只是因为混床的进水为一级除盐水，其水质较纯，所以混床计算中的允许最大流速可选用60~100m/h。计算时可按一级除盐系统交换器的出力作为配套混床的流量，选定流速后根据流量公式计算出配套混床交换器的截面积，然后计算出交换器的直径。流量公式为：

$$流量=流速\times交换器截面积$$

137. 混床交换器在实际使用中通常按什么标准作为再生依据？

答：混床在实际应用中，有时不以其失效作为再生依据，而以一定的运行时间间隔作为进行再生的依据，这是因为混床的运行周期过长，树脂层的压实使水流流经混床时会产生过大的压差，从而影响混床的正常出水和引发混床内部结构的故障。

第四章　含油废水处理

第一节　含油废水来源与管理

1. 含油废水的主要来源有哪些？

答：电厂含油废水主要来源有：储油罐底部沉积的排水，卸油栈台、油泵房、主厂房区及柴油机房等含油场所的冲洗水和地面雨水等。

2. 废水中油类污染物的常用分析方法有几种？

答：油类污染物一般是用石油醚、四氯化碳、己烷等溶剂萃取后，再用重量法或分光光度法来分析。由于采用的萃取技术、萃取溶剂或分析方法不同，测得废水中油类污染物的结果也可能有所不同。

3. 废水中油类污染物的种类按存在形式可怎样划分？

答：废水中油类污染物的种类按存在形式可划分为五种物理形态：

（1）游离态油：静止时能迅速上升到液面形成油膜或油层的浮油，这种油珠的粒径较大，一般大于100μm，占废水中油类总量的60%~80%。

（2）机械分散态油：油珠粒径一般为10~100μm，属细微油滴，在废水中的稳定性不高，静置一段时间后往往可以相互结合形成浮油。

（3）乳化态油：油珠粒径小于10μm，一般为0.1~2μm，这种油滴具有高度的化学稳定性，往往会因水中含有表面活性剂而成为稳定的乳化液。

（4）溶解态油：极细微分散的油珠，油珠粒径比乳化油还小，有的可小到几个纳米，也就是化学概念上真正溶解于废水中的油。

（5）固体附着油：吸附于废水中固体颗粒表面的油珠。

4. 油类污染物对环境或二级生物处理的影响有哪些？

答：（1）绝大部分油类物质比水轻且不溶于水，一旦进入水体会漂浮于水面，并迅速扩散形成油膜，从而阻止大气中的氧进入水体，断绝水体氧的来源，使水中生物的生长受到不利影响。

（2）水中乳化油和溶解态油可以被好氧微生物分解成CO_2和H_2O，分解过程消耗水中的溶解氧，使水体呈缺氧状态且pH值下降，会使鱼类和水生生物不能生存，水体因此变黑发臭。

（3）油类物质含有多种有致癌作用的成分，如多环芳烃等，水中的油类物质可以通过食物链富集，最后进入人体，对人体健康产生危害。

（4）含油废水进入土壤后，由于土层对油污的吸附和过滤作用，也会在土壤中形成油膜，使空气难以透入，阻碍土壤微生物的繁殖，破坏土层的团粒结构。

5. 常用含油废水处理的方法有哪些?

答：废水中油类的存在形式不同、处理的程度不同，采用的处理方法和装置也不同。常用的油水分离方法有隔油池、普通除油罐、混凝除油罐、粗粒化（聚结）除油法、气浮除油法等。按气泡直径大小，溶气气浮可分为平流气浮、浅层气浮；按处理工艺及设备可分为涡凹气浮、溶气气浮。

第二节 含油废水处理系统

1. 什么是隔油池?

答：隔油池是利用自然上浮法分离、去除含油废水中可浮性油类物质的构筑物。隔油池能去除污水中处于漂浮和粗分散状态的密度小于$1.0g/cm^3$的油类物质，而对处于乳化、溶解及细分散状态的油类几乎不起作用。

2. 隔油池基本要求有哪些?

答：隔油池基本要求如下：

（1）隔油池必须同时具备收油和排泥措施。

（2）隔油池应密闭或加活动盖板，以防止油气对环境的污染和火灾事故的发生，同时可以起到防雨和保温的作用。

（3）寒冷地区的隔油池应采取有效的保温防寒措施，以防止污油凝固。为确保污油流动顺畅，可在集油臂及污油输送臂下设热源为蒸汽的加热器。

（4）隔油池四周一定范围内要确定为禁火区，并配备足够的消防器材和其他消防手段。隔油池内防火一般采用蒸汽，通常是在池顶盖以下200mm处沿池壁设一圈蒸汽消防管道。

（5）隔油池附近要有蒸汽管道接头，以便接通临时蒸汽扑灭火灾，或在冬季气温低时因污油凝固引起管道堵塞或池壁等处粘挂污油时清理管道或去污。

3. 常用隔油池的种类有哪些？

答：常用隔油池有平流式和斜板式两种形式，也有在平流隔油池内安装斜板，成为具有平流式和斜板式双重优点的组合式隔油池。

4. 什么是平流隔油池？

答：普通平流隔油池与平流沉淀池相似，废水从池的一端进入，从另一端流出，由于池内水平流速较低，进水中密度小于1.0g/cm^{3}的轻油滴在浮力的作用下上浮，并积聚在池子的表面，通过设在池面的集油管和刮油机收集浮油，相对密度大于1.0g/cm^{3}的油滴随悬浮物下沉到池底，再通过刮泥机排到贮泥斗后定期排放。通常可将废水含油量从400~1000mg/L降到150mg/L以下，除油效率为70%以上，所去除油粒最小直径为100~150μm。

5. 平流式隔油池适用范围及优缺点如何？

答：平流式隔油池适用于各种规模的含油污水处理场。

平流式隔油池的优点：①耐冲击负荷；②施工简单。

平流式隔油池的缺点：①布水不均匀；②采用刮油刮泥机操作复杂；③不能连续排泥，操作量大。

6. 设置平流隔油池的基本要求有哪些？

答：平流隔油池的基本要求有以下几点：

（1）池数一般不少于2个，池深1.5~2.0m，超高不小于0.4m，单格池宽一般不大于6m，每单格的长宽比不小于4，工作水深与每格宽度之比不小于0.4，池内流速一般为2~5mm/s，水力停留时间为1.5~2.0h。

（2）使用链条板式刮渣刮油机时，在池面上将浮油推向平流隔油池的末端，而将下沉的池底污泥刮向进水端的泥斗。池底应保持0.01~0.02的坡度，贮泥斗深度为0.5m、底宽不小于0.4m、侧面倾角为45°~60°，刮板的移动速度不大于2m/s。

（3）平流隔油池的进水端要有不少于2m的富余长度作为稳定水流的进水段，该段与池主体宽深相同，并设消能、整流设施，以尽可能降低流速和稳定水流。

（4）为提高出水水质，降低出水中的含油量，平流隔油池的出水端也要有不少于2m的富余长度来保持分离段的水力条件，该段与池主体宽深相同，并分成两格，每格长度均为1m左右，且设固定式和可调式堰板，出水堰板沿长度方向出水量必须均匀。

（5）平流隔油池的进水端一般采用穿孔墙进入，溢流堰出水。

7. 什么是斜板隔油池？

答：根据浅层理论发展而来的斜板隔油池，是一种异向流分离装置，其水流方向与油珠运动方向相反，废水沿板面向下流动，从出水堰排出。水中密度小于1.0g/cm^{3}的油珠沿板的下表面向上流动，然后用集油管汇集排出。水中其他相对密度大于1.0 g/cm^{3}的悬浮颗粒沉降到斜板上表面，再沿着斜板滑落到池底部经穿孔排泥管排出。

目前，斜板隔油池所用斜板可以选用定型聚酯玻璃钢波纹斜板产品，根据不同的处理水量来确定斜板体块数。实践表明，斜板隔油池所需的停留时间约为30min，仅为平流隔油池的1/2~1/4，斜板隔油池可以去除油滴的最小直径为60μm。

8. 斜板式隔油池适用范围及优缺点如何？

答：斜板式隔油池适用于各种规模的含油污水处理。

斜板式隔油池的优点：①水力负荷高；②占地面积少。

斜板式隔油池的缺点：①斜板易堵需增加表面冲洗系统；②不宜作为初次隔油设施。

9. 设置斜板隔油池的基本要求有哪些？

答：斜板隔油池的基本要求如下：

（1）斜板隔油池的表面水力负荷为0.6~0.8m^3/（m^2·h）。

（2）斜板体的倾角要在45°以上，斜板之间的净距离一般为

40mm。为避免油珠或油泥粘挂在斜板上，斜板的材质必须具有不粘油的特点，同时要耐腐蚀和光洁度好。

（3）布水板与斜板体断面的平行距离为200mm。布水板过水通道为孔状时，孔径一般为12mm，孔附率为3%~4%，孔眼流速为17mm/s。布水板过水通道为栅条状时，过水栅条宽20mm，间距30mm。

（4）为保证斜板体过水的畅通性和除油效果，要在斜板体出水端200~500mm处设置斜板体清污器。清污动力可采用压缩空气或压力为0.3MPa的蒸汽，根据斜板体的积污多少随时进行清污。

10. 平流式隔油池与斜板式隔油池理论数据有哪些相同点?

答：平流隔油池和斜板隔油池进水pH值均为6.5~8.5；刮油泥速度0.3~1.2m/min；排泥阀直径≥200mm；端头设压力水冲泥管；自流进水使水流平稳；寒冷地区池内要设加热设施；池顶要设阻燃盖板和蒸汽消防设施；池体数≥2个，并能单独工作。

11. 平流式隔油池与斜板式隔油池理论数据有哪些不同点?

答：（1）去除油粒粒径不同：平流式隔油池去除油粒粒径大于等于150μm，斜板式隔油池去除油粒粒径大于等于60μm。

（2）停留时间不同：平流式隔油池停留时间为1.5~2h，斜板式隔油池停留时间为5~30h。

（3）流速不同：平流式隔油池水平流速为10mm/s，斜板式隔油池板间流速为3~7mm/s。

（4）平流式隔油池集泥斗按含水率99%、8h沉渣计，斜板式隔油池板间水力条件$Re<500$，$Fr>10^{-5}$。

（5）平流式隔油池集油管管径为200~300mm，最多串联4根，斜板式隔油池板体倾斜角≥45°。

（6）平流式隔油池池体长宽比≥4，深宽比为0.3~0.5，超高>0.4m，斜板式隔油池板体材料疏油、耐腐蚀、光洁度好。

12. 组合式隔油池适用范围及优缺点如何?

答：组合式隔油池适用于对水质要求较高的含油污水处理。

组合式隔油池的优点：①耐冲击负荷；②占地面积少。

组合式隔油池的缺点：①池子深度不同，施工难度大；②操作复杂。

13. 隔油池的收油方式有哪些？

答：隔油池的收油装置一般采取以下四种形式：

（1）固定式集油管收油。

（2）移动式收油装置收油。

（3）自动收油罩收油。

（4）刮油机刮油。

14. 固定式集油管是如何收油的？

答：固定式集油管设在隔油池的出水口附近，其中心线标高一般在设计水位以下60mm，距池顶高度要超过500mm。固定式集油管一般由直径为300mm的钢管制成，由蜗轮蜗杆作为传动系统，既可顺时针转动也可以逆时针转动，但转动范围要注意不超过40°。集油管收油开口弧长为集油管横断面60°所对应的弧长，平时切口向上，当浮油达到一定厚度时，集油管绕轴线转动，使切口浸入水面浮油层之下，然后浮油溢入集油管并沿集油管流到集油池。小型隔油池通常采用这种方式收油。

15. 移动式收油装置是如何收油的？

答：当隔油池面积较大且无刮油设施时，可根据浮油的漂浮和分布情况，使用移动式收油装置灵活地移动收油，而且移动式收油装置的出油堰标高可以根据具体情况随时调整。移动式收油装置使用疏水亲油性质的吸油带在水中运转，将浮油带出水面后，进入移动式收油装置的挤压板把油挤到集油槽内，吸油带再进入池中吸取浮油。

16. 自动收油罩的安装要注意哪些事项？

答：隔油池分离段没有集油管或集油管效果不好时，可安装自动收油罩收油。要根据回收油品的性质和对其含水率的要求等因素，综合考虑出油堰口标高和自动收油罩的安装位置。

17. 使用刮油机应该如何设置？

答：大型隔油池通常使用刮油机将浮油刮到集油管，刮油机的形式和气浮池刮渣机相同，有时和刮泥同时进行。平流式隔油池刮油刮泥机设置在分离段，刮油刮泥机将浮油和沉泥分别刮到出水端和进水端，因此需要整池安装。斜板隔油池则只在分离段设刮油机，其排泥一般采用斗式重力排泥。

18. 隔油池的排泥方式有哪些?

答：隔油池的排泥方式有以下几种：

（1）小型隔油池多采用泥斗排泥。每个泥斗要单独设排泥阀和排泥管，泥斗倾斜为45°~60°，排泥管直径不能小于DN200mm。当排泥管出口不是自然跌落排泥，而是采用静水压力排泥时，静水压头要大于1.5m，否则会排泥不畅。

（2）隔油池采用刮油刮泥机机械排泥时，池底要有坡向泥斗的1%~2%的坡度。

（3）刮油刮泥机的运行速度要控制在0.3~1.2m/min之间，刮板探入水面的深度为50~70mm。刮油刮泥机应当振动较小，翻板灵活，刮油不留死角。

（4）刮油刮泥机多采用链条板式，如果泥量较少，可以只考虑刮油。

19. 粗粒化（聚结）除油法的原理是什么?

答：粗粒化（聚结）除油法的原理是利用油和水对聚结材料表面亲和力相差悬殊的特性，当含油污水流过时，微小油粒被吸附在聚结材料表面或孔隙内，随着被吸附油粒的数量增多，微小油粒在聚结材料表面逐渐结成油膜，油膜达到一定厚度后，便形成足以从水相分离上升的较大油珠。

20. 粗粒化（聚结）除油装置有几种形式？

答：粗粒化（聚结）除油装置由聚结段和除油段两部分组成，根据这两段的组合形式可将粗粒化（聚结）除油装置分为合建式和分建式两种，常用的是合建承压式粗粒化（聚结）除油装置。

21. 常用粗粒化（聚结）除油装置的结构是怎样的？

答：在一定程度上，粗粒化（聚结）除油装置和过滤工艺的承压滤池有许多相似之处，从下而上由承托垫层、承托垫、聚结材料层、承压层构成，水流方向多为反向流，聚结床工作周期结束后的清洗采用气水联合冲洗。

22. 常用粗粒化（聚结）除油装置的承托垫层卵石是如何级配的？

答：粗粒化（聚结）除油装置常使用级配卵石作为承托垫层，卵石级配为：上层一般选用粒径16~32mm的卵石，厚度为100mm；中层一般选用粒径8~16mm的卵石，厚度为100mm；下层一般选用粒径4~8mm的卵石，厚度为100mm。管理方法和注意事项等与承压滤池也基本相同。

23. 常用粗粒化（聚结）除油装置的承托垫是如何配置的？

答：粗粒化（聚结）除油装置承托垫一般由钢制格栅和不锈钢丝网组成，其作用是承托聚结材料层、承压层等部分的重量。钢制格栅的间距要比粒状聚结材料的上限尺寸大1~2mm，而不锈钢丝网的孔眼要比粒状聚结材料的下限尺寸略小，以防聚结材料漏失。当使用密度小于1.0g/cm^{3}的聚结材料时，在聚结材料的顶部也要设置钢制格栅，不锈钢丝网及压卵石层以防清洗时跑料。常用压卵石粒径为16~32mm，厚度0.3m。钢制格栅、不锈钢丝网的选择原则与承托垫一样。

24. 常用气浮法有哪些?

答：气浮法按产生气泡方式可分为细碎空气气浮法、电解气浮法、压力溶气气浮法三种。

25. 气浮法的原理是什么?

答：气浮法也称为浮选法，其原理是设法使水中产生大量的微细气泡，从而形成水、气及被去除物质的三相混合体，在界面张力、气泡上升浮力和静水压力差等多种力的共同作用下，促使微细气泡黏附在被去除的杂质颗粒上后，因黏合体密度小于水而上浮到水面，从而使水中杂质被分离去除。

26. 气浮分层的必要条件是什么?

答：气浮过程包括气泡产生、气泡与固体或液体颗粒附着及上浮分离等步骤组成，因此实现气浮分层的必要条件有两个：

（1）必须向水中提供足够数量的微小气泡，气泡的直径越小越好，常用的理想气泡尺寸是15~30μm。

（2）必须使杂质颗粒呈悬浮状态而且具有疏水性。

27. 气浮池的形式有哪些？

答：气浮池的形式较多，根据待处理水的水质特点、处理要求及各种具体条件，已有多种形式的气浮池投入使用。其中有平流与竖流、方形与圆形等布置形式，也有将气浮与反应、沉淀、过滤等工艺综合在一起的组合形式。

（1）平流式气浮池是使用最为广泛的一种池形，通常将反应池与气浮池合建。废水经过反应后，从池体底部进入气浮接触室，使气泡与絮体充分接触后再进入气浮分离室，池面浮渣用刮渣机刮入集渣槽，清水则由分离室底部集水管集取。

（2）竖流式气浮池的优点是接触室在池中央，水流向四周扩散，水力条件比平流式单侧出流要好，而且便于与后续处理构筑物配合。其缺点是池体的容积利用率较低，且与前面的反应池难以衔接。

（3）综合式气浮池可分为气浮—反应一体式、气浮—沉淀一体式、气浮—过滤一体式等三种形式。

28. 气浮法的特点有哪些？

答：与重力沉淀法相比较，气浮法具有以下特点：

（1）不仅对于难以用沉淀法处理的废水中的污染物可以有较好的去除效果，而且对于能用沉淀法处理的废水中的污染物往往也能取得较好的去除效果。

（2）气浮池的表面负荷有可能超过12m^3/（m^2·h），水在池中的停留时间只需要10~20min，而池深只需要2m左右，因此占地面积只有沉淀法的1/2~1/8，池容积只有沉淀法的1/4~1/8。

（3）浮渣含水率较低，一般在96%以下，比沉淀法产生同样比重污泥的体积少2~10倍，简化了污泥处置过程、节省了污泥处置费用，而且气浮表面除渣比沉淀地底排泥更方便。

（4）气浮池除了具有去除悬浮物的作用以外，还可以起到预曝气、脱色、降低CODcr等作用。出水和浮渣中都含有一定量的氧，有利于后续处理，泥渣不易腐败变质。

（5）气浮法所用药剂比沉淀法要少，使用絮凝剂为脱稳剂时，药剂的投加方法与混凝处理工艺基本相同，所不同的是气浮法不需要形成尺寸很大的矾花，因而所需反应时间较短，但气浮法电耗较大，一般电耗为0.02~0.04（kW·h/m^3）。

（6）气浮法所用的释放器容易堵塞，室外设置的气浮池浮渣受风雨的影响很大，在风雨较大时，浮渣会被打碎重新回到水中。

29. 气浮法在废水处理中的作用是什么?

答：气浮法的传统用途是用来去除污水中处于乳化状态的油或密度接近于水的微细悬浮颗粒状杂质。为促进气泡与颗粒状杂质的黏附和使颗粒杂质结成尺寸适当的较大颗粒，一般要在形成微细气泡之前，在污水中投加药剂进行混凝处理或加入破乳剂破坏水中乳化态油的稳定性。

气浮法通常作为对含油污水隔油后的补充处理，即为二级生物处理之前的预处理。隔油池出水一般仍含有 50~150mg/L的乳化油，经过一级气浮法处理，可将含油量降到30mg/L左右，再经过二级气浮法处理，出水含油量可达10mg/L以下。

污水中固体颗粒粒度很细小，颗粒本身及其形成的絮体密度接近或低于水、很难用沉淀法实现固液分离时，可以利用气浮法。当用地受到限制或需要得到比重力沉淀更高的水力负荷或固体负荷时，也可以使用气浮法代替沉淀法。

另外，气浮法可以有效地用于活性污泥的浓缩，有的气浮法以去除污水中的悬浮杂质为主要目的；或是作为二级生物处理的预处理，保证生物处理进水水质的相对稳定；或是放在二级生物处理之后作为二级生物处理的深度处理，确保排放出水水质符合有关标准的要求。

30. 设置气浮池的基本要求有哪些?

答：（1）气浮池溶气压力为0.2~0.4MPa，回流比为25%~50%。为获得充分的共聚效果，一般需要投加絮凝剂，有时还要投加助凝剂，投药后混合时间通常为2~3min，反应时间为5~10min。

（2）气浮池一般采用矩形钢筋混凝土结构，常与反应池合建，池顶设有轻型盖板，内设刮渣机，池内水流水平流速为4~6m/s，不宜大于10m/s，气浮池的长宽比通常不小于4，中小型气浮池池宽可取4.5m、3m或2m，大型气浮池池宽可根据具体情况确定，一般单格池宽不超过10m、池长不超过15m。

（3）为防止打碎絮体，水流衔接要平稳，因此气浮池与反应池最好合建在一起，进入气浮池接触室的水流速度要低于0.1m/s。

（4）气浮池接触室的高度以1.5~2.0m为佳，平面尺寸要能满足布置溶气释放器的要求。其中，水流上升流速要控制在10~20mm/s，水流在其中的停留时间要大于60s。

（5）分离室深度一般为1.5~2.5m，超高不小于0.4m。其中，水流的下向流速度范围要在1.5~3.0mm/s之间，即控制其表面负荷在5.5~10.8m³/（m²·h）之间，废水在气浮池内的停留时间不能超过1h，一般为30~40min。

（6）气浮池的集水要能保证进出水的平衡，以保持气浮池的水位正常。一般采用集水管与出水井相连通，集水管的最大流速要控制在0.5m/s左右。中小型气浮池在出水井的上部设置水位调节管阀，大型气浮池则要设可控溢流堰板，依此升降水位，调节流量。

31. 什么是部分回流压力溶气气浮法？

答：部分回流压力溶气气浮法是压力溶气气浮法的一种。具体做法是用水泵将部分气浮出水提升到溶气罐，加压到0.3~0.55MPa，同时注入压缩空气使之过饱和，然后瞬间减压，原来溶解在水中的空气骤然释放，产生出大量的微细气泡，从而使被去除物质与微细气泡结合在一起并上升到水面。

32. 部分回流压力溶气气浮法有哪些特点？

答：部分回流压力溶气气浮法的特点如下：

（1）在加压条件下，空气的溶解度大，供气浮用的气泡数量多，能保证气浮的效果。

（2）溶入水中的气体经急骤减压后，可以释放出大量的尺寸微细、粒度均匀、密集稳定的微气泡。微气泡集群上浮过程稳定，对水流的扰动较小，可以确保气浮效果，特别适用于细小颗粒和疏松絮体的固液分离过程。

（3）工艺流程及设备比较简单，管理维修方便，处理效果稳定，并且节能效果显著。

（4）加压气浮产生的微气泡可以直接参与凝聚并和微絮粒一起共聚长大，因此可以节约混凝剂的用量。

33. 常用气浮法的运行参数有什么异同点？

答：最常用的气浮法是部分回流压力溶气气浮法和喷射气浮法。

部分回流压力溶气气浮法和喷射气浮法的运行参数大部分相同，其主要参数异同点有：

（1）进水水质均为pH值为6.5~8.5，含油量100mg/L。

（2）气浮分离池停留时间均为40~60min。

（3）刮渣池链条采用链板式或桥式逆刮。

（4）出水堰采用活动调节堰或薄壁堰。

（5）部分回流压力溶气气浮法加药量为聚铝15~25mg/L，聚铁10~20mg/L；而喷射气浮法加药量为聚铝25~35mg/L，聚铁20~40mg/L。

（6）部分回流压力溶气气浮法混凝方式为管道混合、机械混合或水力混合；喷射气浮法混凝方式为管道混合。

（7）部分回流压力溶气气浮法溶气方式为溶气罐；喷射气浮法溶气方式为喷射器。

（8）部分回流压力溶气气浮法气泡粒径为30~100μm；喷射气浮法气泡粒径为30~50μm。

34. 常用溶气罐的结构是怎样的？

答：溶气罐可用普通钢板卷焊而成，并在罐内进行防腐处理。其内部结构相对简单，不用填料的中空型溶气罐除了进出水管的布置方式有一定要求外，与普通空罐相同。溶气罐规格很多，高度与直径的比值一般为2~4。也有的溶气罐采用卧式安装，并沿长度方向将罐体分为进水段、填料段、出水段，这种型式的溶气罐进出水稳定，而且可以对进水中的杂质予以截留，避免出现溶气释放器的堵塞问题。

35. 溶气罐基本要求有哪些？

答：溶气罐的作用是实施水和空气的充分接触，加速空气的溶解。

（1）溶气罐形式有中空式、套筒翻流式和喷淋填料式三种，其中喷淋填料式溶气效率最高，比没有填料的溶气罐溶气效率可高30%以上。可用的填料有瓷质拉西环、塑料淋水板、不锈钢网、塑料阶梯环等，一般采用溶气效率较高的塑料阶梯环。

（2）溶气罐的溶气压力为0.3~0.55MPa，溶气时间即溶气罐水力停留时间1~4min，溶气罐过水断面负荷一般为100~200m³/（m²·h）。一般配以扬程为 40~60m的离心泵和压力为0.5~0.8MPa的空压机，通常风量为溶气水量的15%~20%。

（3）污水在溶气罐内完成空气溶于水的过程，并使污水中的溶解空气过饱和，多余的空气必须及时经排气阀排出，以免分离池中气量过多引起扰动，影响气浮效果。排气设在溶气罐的顶部，一般采用DN25手动截止阀，但是这种方式在北方寒冷地区冬季气温太低时，常会因截止阀被冻住而无法操作，必须予以适当保温。排气阀尽可能采用自动排气阀。

（4）溶气罐属压力容器。其设计、制作、使用均要按一类压力容器要求考虑。

（5）采用喷淋填料式溶气罐时，填料高度0.8~1.3m即可。不同直径的溶气罐要配置的填料高度也不同，填料高度一般在1m左右。当溶气罐直径大于0.5m时，考虑到布水的均匀性，应适当增加填料高度。

（6）溶气罐内的液位一般为0.6~1.0m，过高或过低都会影响溶气效果。因此，及时调整溶气系统气液两相的压力平衡很重要。除通过自动排气阀来调整外，可通过安装浮球液位传感器探测溶气罐内液位的升降，据此调节进气管电磁阀的开和关，还可通过其他非动力方式来实现液位控制。

36. 常用溶气释放器的基本要求有哪些?

答：溶气释放器是气浮法的核心设备，其功能是将溶气水中的气体以微细气泡的形式释放出来，以便与待处理污水中的悬浮杂质黏附良好。

（1）高效溶气释放器要具有最大的消能值。消能值是指溶气水从溶解平衡的高能值降到几乎接近常压的低能值之间的差值，高效溶气释放器的消能值应在95%以上，最高者可达99.9%。

（2）两个体积相同的气泡合并之后，其表面能将减少20.62%。为避免微气泡的合并，在获得最大消能值的前提下，还要具有最快的消能速度，或最短的消能时间，高效溶气释放器的消能时间应在0.3s以下，最优者可达0.03~0.01s。

（3）性能较好的释放器能在较低的压力（0.2MPa左右）下，能将溶气量的99%左右予以释放，即几乎将溶气全部释放出来，以确保在保证良好的净水效果前提下，能耗较少。

（4）根据吸附值理论，只有比悬浮颗粒小的气泡，才能与该悬浮颗粒发生有效的吸附作用，污水中难以在短时间内沉淀或上浮的悬浮颗粒粒径通常都在50μm以下，乳化液的主体颗粒粒径为0.2~2.5μm。虽然经过投加混凝剂反应后，水中悬浮颗粒粒径可以变大，但为了获得较好的出水水质，采用气浮法时，气泡直径越小越好。高效溶气释放器释放出的气泡直径在20~40μm，有些可使气泡直径达到10μm以下，甚至接近1μm。

（5）为达到气浮池正常运转的目的，释放器还须具备以下条件：一是抗堵塞（因为要达到上述目的就要求水流通道尽可能窄小）；二是结构要力求简单、材质要坚固耐腐蚀，同时要便于加工和安装，尽量减少可动部件。

（6）为防止水流冲击，保证微气泡与颗粒的黏附条件，释放器前管道流速要低于1m/s，释放器出口流速为0.4~0.5m/s，每个释放器的直径为0.3~1.1m。

37. 什么是细碎空气气浮法?

答：细碎空气气浮法是靠机械细碎空气的方法。一般利用叶轮高速旋转产生的离心力形成的真空负压将空气吸入，在叶轮的搅动下，空气被粉碎成为微细的气泡而扩散于水中，气泡由池底向水面上升并黏附水中的悬浮物一起带至水面。

38. 细碎空气气浮法有哪些特点?

答：细碎空气气浮法的优点是设备结构简单，维修量较小，其缺点是叶轮的机械剪切力不能把空气粉碎得很充分，产生的气泡较大，气泡直径可达1mm左右。这样在供气量一定的条件下，气泡的表面积小，而且由于气泡直径大、运动速度快，与废水中杂质颗粒接触的时间短，不易与细小颗粒成絮凝体相吸附，同时水流的机械剪切力反而可能将加药后形成的絮体打碎。因此，细碎空气气浮法不适用于处理含细小颗粒与絮体的废水，可用于含有大油滴的含油废水。

39. 什么是喷射气浮法?

答：喷射气浮法是用水泵将污水或部分气浮出水加压后，高压水流流经特制的射流器，将吸入的空气剪切成微细气泡，再和污水中的杂质接触结合在一起后上升到水面。

40. 喷射器作为溶气设备的原理是什么？

答：高压水流流经喉管时形成负压引入空气，经激烈的能量交换后，动能转换为势能，增加了水中溶解的空气量，然后进入气浮池进行分离。一般要求喷射器后背压值达到0.1~0.3MPa，喉管直径与喷嘴直径之比为2~2.5，喷嘴流速范围为20~30m/s。为提高溶气效果，喷射器后要配以管道混合器，混合器要保证水头损失0.3~0.4m，混合时间为30s左右。

41. 喷射气浮的原理是什么?

答：喷射气浮是利用水泵将部分净化水回流，高压水流经过喷射器时将空气溶于水中，经溶气释放器一点或多点进入气浮净化机，通过调整加药量、溶气量和及时排清达到净化污水的目的。

42. 喷射气浮的特点是什么?

答：喷射气浮同时具有喷射器法和部分回流压力溶气法的特点。优势在于土建费用较低，经过适当保温后，可安装于室外正常运行。

43. 防止含油废水乳化的方法有哪些?

答：防止含油废水乳化的方法有四种：

（1）防止表面活性物质及砂土之类的固体颗粒混入含油废水中，比如对碱渣和含碱废水中的脂肪酸钠盐等物质进行充分回收处理，尽量减少进入废水的表面活性物质数量。

（2）向废水中投加电解质，达到压缩双电层和电中和的目的，促使已经乳化的微细油粒互相凝聚。例如，加酸使废水的pH值降低到3~4，可以产生强烈的凝聚现象。

（3）投加硫酸铝、氧化铁等无机絮凝剂，既可压缩油珠的双电层，又可起到使废水中其他杂质颗粒凝聚的作用，这些无机絮凝剂的投加量一般比混凝沉淀处理时的投加量要少一些。当含油废水中含有硫化物时，不宜使用铁盐絮凝剂，否则会因生成硫化铁而影响破乳效果。

（4）当含油废水中含有脂肪酸钠盐而引起乳化时，可以向废水中投加石灰，使钠皂转化为疏水性的钙皂，以促进微细油珠的相互凝聚。

第五章　生活污水处理

第一节　生活污水的管理

1. 生活污水在燃煤电厂废水综合治理中属于哪一类污水？

答：在电厂废水治理中，生活污水主要属于有机物含量偏高的富营养化废水。生活污水治理属于高有机物富营养化废水治理。

2. 电厂生活污水的主要来源有哪些?

答：电厂生活污水来源主要有生产和办公区卫生间冲洗水、食堂排污水、公用洗刷池洗刷用水等。

3. 卫生间冲洗水造成污染成分有哪些?

答：卫生间冲洗水污染物主要成分是多种利于微生物滋生的营养物和多种微生物菌群，其中利于微生物滋生的营养物主要是蛋白质、尿素、葡萄糖、尿酸、无机盐、脂肪未消化的残存食物，菌群主要由厌氧菌、肠球菌等组成。

4. 公用洗刷池排水污染成分有哪些?

答：公用洗刷池排水污染成分主要是洗涤液、食物残渣、有机油污等。

5. 食堂废水主要污染成分有哪些?

答：食堂废水污染成分主要是有机碳源、少许氮源、少许磷源和部分微量元素，多以蛋白质、淀粉、糖类、脂肪、纤维素为主。

6. 电厂生活污水的主要处理过程是什么?

答：电厂生活污水主要处理过程为：筛选、生物法、沉淀、过滤、消毒、重复利用或外排。

7. 生活污水处理系统主要由哪些设备组成?

答：生活污水处理系统其主要设备包括：机械格栅、曝气系统设备、过滤消毒设备、风机水泵单元设备、电气控制设备等。

8. 机械格栅在生活污水处理系统中的作用是什么?

答：机械格栅在生活污水处理系统中的作用是打捞生活污水中个体比较大的有机和无机污染物，防止对后续工艺设备造成堵塞。

9. 机械格栅在运转中遇到的故障及解决方法有哪些?

答：机械格栅在运转中遇到的故障及解决方法如下：

（1）传动设备存在异音。

解决方法：传动链条和轴承添加润滑油脂。

（2）机械格栅不工作。

解决方法：检查电气部分是否跳闸、电机是否损坏、传动链条是否断开。

10. 生活污水系统中常用的供气设备有哪几种?

答：生活污水系统中常用的供气设备有罗茨风机、鼓风机等。

11. 曝气设备在生活污水处理系统中起到的作用有哪些?

答：曝气设备为水中微生物生长提供分解有机物必需的氧气，并起到搅拌混合作用。

12. 罗茨风机的工作原理是什么?

答：罗茨风机是容积类风机。空气首先进入进气腔，然后每个叶轮的其中两个叶片与墙板、机壳构成一个密封腔，进气腔的空气在叶轮转动过程中被两个叶片所形成密封腔不断地带到排气腔，又因排气腔的叶轮是相互齿合的，从而把两个叶片之间的空气挤压出来，这样连续地运转，空气源源不断地供出。

13. 罗茨风机的维护与保养注意事项有哪些?

答：罗茨风机的维护与保养注意事项主要有：

（1）定期清理，保持设备清洁无污染。

（2）定期加注润滑油脂。

（3）保证有两台以上设备切换使用。

（4）定期检查电机温度与设备震动情况。

14. 滑片式鼓风机的工作原理是什么？

答：滑片式鼓风机靠气缸内偏置的转子偏心运转，使转子槽中的叶片之间的容积变化将空气吸入、压缩、排出。

15. 鼓风机的维护与保养注意事项有哪些？

答：鼓风机的维护与保养注意事项主要有：

（1）定期清理，保持设备清洁无污染。

（2）定期加注润滑油脂。

（3）保证有两台以上设备切换使用。

（4）定期检查电机温度与设备震动情况。

16. 生活污水消毒设备有哪些？

答：生活污水消毒设备主要有：二氧化氯发生器及投加装置；臭氧发生器及投加装置；紫外线消毒装置等。

17. 二氧化氯的化学性质有哪些？

答：二氧化氯是一种红黄色有强烈刺激性臭味的气体，是安全、无毒的消毒剂。二氧化氯遇热水则分解成次氯酸、氯气、氧气，遇阳光也容易分解，其在冷暗处相对稳定，能与许多化学物质发生爆炸性反应，对热、震动、撞击和摩擦相当敏感，极易分解发生爆炸。

18. 二氧化氯消毒原理是什么？

答：二氧化氯渗入细菌及其他微生物细胞内，可以有效地氧化细胞内含巯基的酶，从而快速地控制微生物蛋白质的合成。因此，对细菌、芽孢、病毒、藻类、真菌等具有较好的杀灭作用。

19. 二氧化氯的制备方法主要有哪些？

答：二氧化氯的制备主要以氧化法和电解法为主。

20. 臭氧用于生活污水主要基于它的什么性质？

答：臭氧（O_3）又称为超氧，是一种淡蓝色的有害气体。在常温下，稳定性较差，可自行分解为氧气。臭氧用于生活污水主要是由于臭氧的氧化能力极强，能与有机物和无机物发生氧化还原反应。

21. 臭氧杀菌的原理是什么?

答：臭氧杀菌是以氧原子的氧化作用破坏微生物膜的结构实现杀菌作用。

22. 臭氧的制备方法有哪些?

答：臭氧的制备方法主要有高压放电、紫外线照射、水解法等。

23. 紫外线的杀菌原理是什么?

答：紫外线的杀菌原理是破坏微生物机体细胞的脱氧核糖核酸或核糖核酸造成生长性细胞死亡，达到杀菌效果。

24. 电气控制设备在生活污水处理系统中起到的作用有哪些?

答：电气控制设备在生活污水处理系统中为各个转机设备提供电源和执行控制逻辑。

25. 电厂生活污水排放系统的主要组成部分包括哪些?

答：电厂生活污水排放系统的主要组成部分包括室内生活污水管网、室外生活污水管网、室外生活污水检查井等排水设施。

26. 经过处理合格后的生活污水有哪些用途?

答：生活污水经过处理合格后可经过再处理回用至电厂循环冷却水系统、输煤冲洗水系统、化学水制备系统或者直接用来灌溉绿化植被等。

27. 常规生活污水中生物滤池的处理过程是什么?

答：生物滤池的处理过程主要是驯化出工艺需求的菌种，利用细菌的繁殖代谢消耗掉生活污水中的有害物质，还有一部分转化为无害物质和无害气体，从而达到处理生活污水的目的。

28. 生活污水的物理法处理方式有哪些?

答：生活污水的物理法处理方式有物理过滤、沉淀、澄清等。

29. 生活污水的生化处理工艺方法有哪些?

答：生活污水的生化处理工艺方法有A/O法、AA/O法、氧化沟、SBR曝气生物滤池、接触氧化法、生物膜法等。

30. 生活污水化学法处理的原理是什么？

答：生活污水化学法处理的原理是利用一些强氧化剂氧化处理掉生活污水中的有机污染物，杀死污水中的微生物，使其进行沉淀，过滤达到降低污染物的目的。

31. 一名合格的电厂生活污水处理人员应该掌握哪些相关知识？

答：（1）熟悉整个电厂生活污水来源。

（2）熟悉生活污水的特性。

（3）熟悉生活污水处理装置处理方式和工艺要求。

（4）定期巡检各个控制指标是否在允许范围内。

（5）转机设备的巡视检查。

（6）在线仪表的检查和校正。

（7）分析了解过程化验指标的趋势（主要用来判断污水处理装置菌群生长状况和菌类发展方向）。

第二节 生活污水处理系统

1. 生活污水处理系统一般选用的工艺流程有哪些？

答：生活污水处理一般选用A/O法或生物膜法。

（1）生物膜法的工艺流程按水流向的先后顺序排列是：生活污水来水、机械格栅、调节池、初沉池、好氧生物处理、二沉池、过滤池、消毒池、出水、生物污泥收集至污泥池。

（2）A/O法工艺流程按水流向的先后顺序排列是：生活污水来水、机械格栅、调节池、厌氧池、好氧池、二沉池、过滤水池、消毒池、出水、生物污泥收集至污泥池。

2. 调节池的组成部分有哪些？其在生活污水系统中的作用是什么？

答：调节池主要组成包括：缓冲水池、提升泵、来水管道、曝气混合管道等。其作用主要是收集不定期排放的生活污水进行缓冲和均质。

3. 厌氧池在生活污水系统中的作用是什么?

答：厌氧池是生活污水处理的第一段，采用厌氧的生化处理工艺。厌氧处理的作用是通过水解和酸化实现难生物降解有机物的转化，通过分子结构的改变（开环、断键、裂解、基团取代、还原等），使结构复杂、难生物降解的有机物分子转化成可生物降解的有机物，从而明显地改善废水的可生化性和脱色效果。

4. 好氧池组成部分有哪些？其在生活污水系统中的作用是什么?

答：好氧池由曝气管道、氧化细菌载体（生物膜法）和水池组成。好氧池主要是为好氧细菌提供氧气，并通过细菌的生长繁殖把有机污染物分解、吸收、去除。

5. 二沉池在电厂生活污水处理常规系统中的作用是什么?

答：二沉池的内部装有斜管，作用是经过处理后的污水在该池进行泥水分离，然后沉淀下来的污泥经过回流泵打回厌氧池，清水进入过滤池。

6. 过滤池组成部分有哪些？其在生活污水系统中的作用是什么?

答：过滤水池由水池、滤料组成。其作用是去除水中的悬浮物、胶体、微生物等。

7. 生活污水系统中的过滤水池的管理主要包含哪些?

答：过滤水池的管理主要包含以下几个方面：

（1）定期进行反洗除去表层的污堵物。

（2）定期检查滤料的高度是否符合设计要求，因为设备在长期运行过程中会发生滤料损耗，如果滤料严重低于设计高度应当及时添加，以免影响出水水质。

（3）定期观察过滤水池是否有滤料排出，如发现出水有颗粒滤料并不断增加，应当及时检修，更换过滤池底部水帽。

8. 消毒池的组成部分有哪些？其在生活污水系统中的作用是什么?

答：消毒池主要由水池、消毒装置和进出水装置组成。其主要作用是通过投加二氧化氯、通入臭氧、紫外线灯管照射等方式灭活污水中微生物。

9. 污泥池的组成部分有哪些？其在生活污水系统中的作用是什么？

答：污泥池由泥池本体、泥浆输送泵（部分工艺）、清水回流管道等组成。其作用是二沉池沉淀下来的泥浆在此池内进行储存、再沉淀，然后排至系统外。

10. 如何判定污水的可生化性？

答：水中有机物质有的可生化，有的不易或不可生化，一般用BOD/COD比值判断：BOD/COD>0.45，代表可生化性好；BOD/COD = 0.3~0.45，代表可生化性较好；BOD/COD =0.2~0.3，代表可生化性较差；BOD/COD<0.2，代表不易生化。

11. 电厂里的生活污水为什么要经过处理才能重复利用排至循环水系统？

答：生活污水中的微生物和微生物生长需要的营养物含量特别高，如果不采用生活污水处理装置除去水中的营养物，会使循环水系统中的水藻和微生物大量繁殖，其黏附在碳钢管道上会使碳钢管道造成腐蚀率升高，黏附在冷凝器上会使冷凝器的热交换律下降，黏附在冷却塔的填料上会堵住填料孔使填料补水不均匀，散热效率下降等。

12. 电厂生活污水处理排出的活性污泥怎么处理？

答：一般电厂生活污水排出的剩余污泥含有氮、磷等有利于植物生长的营养物，污泥晾晒干燥后可以作为厂区绿化植物的肥料。

13. 什么是活性污泥？

答：活性污泥是微生物群体和微生物附着物的总称，分为好氧活性污泥和厌氧活性污泥两种。

14. 什么是活性污泥培养？

答；活性污泥培养是为微生物提供适宜的生活条件（营养物、溶解氧、合适的温度和适宜的pH值），使其生长繁殖，达到具备处理生活废水的能力。

15. 为何要进行活性污泥的驯化？

答：初始状态下，为了能得到大量的微生物泥，需要提供各种适宜的条件以促使其生长繁殖，但所需要处理的污水和培养菌群时的环境是有区别的，为了能得到更适合处理污水的菌群，就要对菌群生活环境慢慢改变，驯化出更适合处理电厂污水的菌群。

16. 活性污泥的培养方法有哪些?

答：（1）无菌种培养法。好氧池补充生活污水，连续曝气2~5天（在闷曝气期间要检测污水中DO浓度，曝气不足会增加培菌时间，曝气过量会对活性污泥造成过度氧化，最终使原本培养好的活性污泥发生自分解）后停止曝气，继续补充生活污水。

向污水中投加营养物如：淀粉、粪便、食堂米泔水等，连续曝气3~5天培养菌群。

（2）有菌种培养法。从市政污水厂购买的活性污泥放入曝气池，通过曝气驯化培养出适合工艺需要的菌种。市政污水厂的污泥菌种比较接近于电厂生活污水所需要的类型，这种方法速度快、效率高。

目前，污水处理行业已经有直接加入不用驯化的生活污水专用菌种，方法是直接向系统通入生活污水曝气，然后加入生活污水专用菌种，进行培养处理生活污水，这种方法见效快，但成本略偏高。

17. 微生物菌种营养三要素是什么？比例是多少?

答：微生物所需要的营养物质主要是指碳（C）、氮（N）、和磷（P）。废水中主要营养元素的组成比例有一定的要求，对于好氧生化一般为C：N：P＝100：5：1（重量比）。

18. 生活污水运行时需要检测控制的指标有哪些?

答：生活污水运行时需要检测控制的指标有：溶解氧、污水温度、污泥负荷、pH值、沉降比、污泥龄、回流比、污泥浓度、原水成分、营养物的补充等。

19. 生活污水曝气作用是什么？方式有哪些?

答：生活污水曝气是通过一定的方式向污水中注入适量的空气，利用空气中的氧气促使微生物对水中的有机物和其他无机物进行氧化分解后脱除，此外曝气时由池底部向上通空气，使活性污泥能够悬浮于水中，使污泥与污水的接触更加充分。污水的曝气方式主要有：管式曝气、微孔曝气、喷射曝气等。电厂生活污水多采用管式曝气或微孔曝气。

20. 溶解氧（DO）在生活污水处理系统中各阶段的控制范围是多少？

答：一般厌氧池氧浓度控制在0.2mg/L以下，缺氧池控制在0.2~0.5mg/L，好氧池氧浓度控制在2~4mg/L。溶解氧在水中的含量受温度的影响，水温低氧容量高，水温高氧容量低。

21. 溶解氧（DO）在生活污水处理系统中的主要机理是什么？

答：（1）在处理水中BOD过程中：

1）充足O_2（2~4mg/L）环境下，主要参与细菌的能量储备并释放出CO_2、H_2O，在同样曝气条件下，氧含量是随着进水后的时间呈线性变化的，随着污水BOD_5浓度的降低而逐渐上升，所以在实际操作过程中要不停观察曝气池中的氧含量。

2）在缺氧或厌氧条件下，将水中的复杂有机物水解发酵最终生成CH_4、CO_2。

（2）在处理水中有机氮化物和蛋白质等含氮化合物过程中：

1）充足O_2（2~4mg/L）环境下，首先部分细菌将有机氮转化为无机化合物，然后一部分无机氮化合物经过硝化细菌的同化作用合成自身细胞生长繁殖，另一部分转化为亚硝酸盐再转化为硝酸盐。

2）在缺氧或厌氧条件下，在反硝化菌的作用下将硝酸盐转化成N_2。

22. 在实际生产过程中除 BOD 和除氮二者之间的控制关系如何确定？

答：当新补充的污水经过厌氧池或缺氧池进入好氧池充分曝气，首先将有机物预分解和转化为自身能量，部分有机氨在硝化菌的同化作用和氧化作用下转化为硝酸盐，部分污水通过回流至厌氧池或缺氧池，在这里由反硝化菌将硝酸盐转化为N_2。所以，在实际操作中，曝气和回流的比要根据实际来水量和污水浓度来确定。

23. 在生活污水处理系统中为什么要控制污水温度？

答：污水温度影响污水内部分子运动平均动能的大小。为保证生活污水系统达到良好的运行条件，保证不低于15℃，否则会导致细菌活性的降低或絮状活性泥自身解体。活性泥解体会导致出水悬浮物升高水质变差，污泥中的有效菌类流失等现象。有效菌类流失过多会造成处理污水负荷降低。

24. 什么叫作食微比 *F/M*？

答：食微比*F/M*即为有机负荷率，*F*代表食物，即有机污染物，*M*代表活性微生物量，即MLVSS，*F/M*表示单位重量的活性污泥在单位时间内所承受的有机物的量，单位为$kgBOD_5$/（kgMLVSS·d）。

25. 食微比 *F/M* 应该如何计算?

答：食微比*F/M*计算公式为：

$$F/M=Q\times BOD_5/MLSS\times V_a$$

式中 Q ——进水流量，m^3/d；

BOD_5——进水中BOD_5的值，mg/L；

V_a ——曝气池有效容积，m^3；

$MLSS$——曝气池内活性污泥浓度，mg/L。

26. 食微比 *F/M* 在生活污水处理系统中控制范围是多少?

答：生活污水处理系统*F/M*值一般在0.2~0.4$kgBOD_5$/（kgMLVSS·d）之间。

27. 食微比 *F/M* 在生活污水处理系统中过高或过低有什么影响?

答：（1）食微比过低：由于食物不太充足，微生物增长速率较慢或基本不增长，污水系统出水不清，容易造成活性污泥解体或细菌自身氧化。

（2）食微比过高：由于食物较充足，活性污泥中的微生物增长速率较快，有机污染物被去除的速率也较快，但此时的活性污泥的沉降性能可能较差，污水系统出水浑浊，对活性污泥造成冲击，处理效率降低。

28. 生活污水处理系统中污泥负荷应该如何调节?

答：一般调节污泥负荷从两个方面入手：一是靠系统补水量和BOD_5浓度调节；二是靠系统排泥来调节。合适的污泥负荷是保证生活污水系统正常运行的必要条件。

29. pH 值在生活污水处理系统中的主要作用和控制范围是什么？

答：生活污水系统中最佳运行pH值为7~8，最低承受pH值为6，最高承受pH值为9。过低或过高的pH值都会使活性污泥中的部分细菌死亡或者活性降低，所以在污水进入系统之前要对调节池污水进行pH值检测，如果超出范围应当加以调整。

30. 控制活性污泥浓度在生活污水处理系统中的主要作用是什么？

答：活性污泥浓度是指活性微生物、生物降解物、微生物代谢产物、无机物等固体物在水中的含量。污泥浓度指标一般指好氧池的污泥浓度。通过控制来水有机物含量和控制排泥时间来调整污泥浓度，进而控制污泥龄。

31. 控制沉降比在生活污水处理系统中的主要作用和控制范围是什么？

答：活性污泥沉降比一般用SV30，控制范围夏季25%左右，冬季35%左右。一般通过沉降比观察工艺的运行状况：

（1）沉降速度慢原因：污泥可能出现老化、营养物低、丝状菌膨胀、污泥中毒、负荷过高等问题。

（2）沉降30min后上清液不清原因：细菌活性差、污泥老化、曝气过度等问题。

（3）污泥不沉降并抱团：存在丝状菌膨胀问题。

32. 什么是污泥龄？

答：污泥龄是指污水处理过程中污泥在水中的停留时间，工程上可以理解为在稳定条件下，污泥龄是曝气池中活性污泥总量与每日排放的剩余污泥量的比。

33. 生活污水处理中，污泥龄的控制范围是多少？

答：生活污水处理中，污泥龄的控制范围为3~10天。

34. 生活污水处理系统中控制污泥龄有什么作用？

答：在生活污水处理系统中控制污泥龄的作用主要有：

（1）可以保持污泥一直处于有活力的状态，保证系统处理能力。

（2）保证处理后污水中的悬浮物更低。

（3）提高污泥耐冲击能力。

35. 控制回流比在生活污水处理系统中的主要作用是什么？

答：在生活污水处理系统中控制回流比的作用是：

（1）对新来污水进行预处理吸附、凝聚、沉降、降解。

（2）稀释来水营养物浓度防止对污泥冲击。

（3）为缺氧/好氧池提供污泥保证污泥浓度。

36. 生活污水运行过程中进水量的控制要求是什么？

答：控制生活污水处理系统中的处理水量，主要是为了调整水量和营养物浓度之间的关系。在系统设计中污水处理负荷是恒定的，低浓度污水可以放大处理水量，高浓度污水也要适当减量，保持单位时间内处理的COD、NH_3-N、P的量恒定。

37. 活性污泥中毒现象和恢复方法有哪些？

答：（1）活性污泥中毒现象有：污泥解体、液面浮渣、处理效率下降或停止、污泥活性下降、氧气消耗量下降等。

（2）恢复方法有：控制来水有毒物、稀释中毒后的污泥、加强排泥次数等。

38. 什么是生物膜法处理？

答：生物膜法是在污水处理曝气池加装微生物载体使其能在载体上附着生长繁殖，通过生物膜上菌群（好氧菌、厌氧菌、兼性菌、真菌、原生动物、藻类等）的代谢、生长、繁殖去除污水中污染物。

39. 污水生物膜法处理系统中生物膜的载体有哪些形式？

答：污水生物膜法处理系统中生物膜的载体主要分为有机载体和无机载体两种：

（1）无机载体：主要有陶瓷、碳纤维、碳酸盐类、石英砂、陶粒等。

（2）有机载体：各种形式的有机聚合材料，如纤维丝式、海绵球、网状填料、带式填料、麻绳式填料等。

40. 生物膜载体应该具有的特性有哪些？

答：生物膜载体应该具有容易流动但不流失、无毒害、容易成膜、比表面积足够大、价格低廉等特性。

41. 生物膜法处理基本过程是什么？

答：污水进入系统后经过好氧菌种、厌氧菌种生化处理，除去水中的污染物，在细菌代谢繁殖过程中不断有老化的细菌脱离载体，新生的细菌重新附着。

42. 曝气（膜法）生物滤池在电厂生活污水处理中的优势有哪些？

答：（1）功能上的优势主要有：集活性污泥处理法和滤池于一体的集成处理方法，对污水变化有较强的适应性，不发生污泥膨胀，产泥量少并且能除掉水中的SS、COD、BOD、氨氮、磷等。

（2）设计上的优势主要有：投资小、占地面积少、运行费用低等。

43. 生活污水处理后出水 COD 超标的原因有哪些？

答：生活污水处理后出水COD超标主要有以下几种原因：

（1）曝气池的溶氧含量不达标。

（2）处理负荷突然升高。

（3）污泥出现中毒或严重老化现象。

（4）营养比超出控制范围。

（5）水温超出控制范围。

44. 生活污水处理后出水氨氮超标的原因有哪些？

答：生活污水处理后出水氨氮超标主要有以下几种原因：

（1）营养比超出控制范围。

（2）水温超出控制范围。

（3）污泥出现中毒或严重老化现象。

（4）处理负荷突然升高。

45. 生活污水处理后出水总氮超标的原因有哪些？

答：生活污水处理后出水总氮超标主要有以下几种原因：

（1）营养比超出控制范围。
（2）水温超出控制范围。
（3）污泥出现中毒或严重老化现象。
（4）硝化或反硝化环节出现问题。
（5）污泥/生物膜存在流失现象。

46. 生活污水处理后出水总磷超标的原因有哪些？

答：生活污水处理后出水总磷超标主要有以下几种原因：
（1）营养比超出控制范围。
（2）水温超出控制范围。
（3）污泥出现中毒或严重老化现象。
（4）好氧池溶解氧超出控制范围。
（5）系统出水浑浊、带泥。

47. 对于生物滤池除磷效果不理想出水磷含量超标的处理方法是什么？

答：生物滤池除磷效果不理想出水磷含量超标的常用处理方法是投加除磷类药剂。

48. 生活污水处理后出水悬浮物（SS）超标的原因有哪些？

答：生活污水处理后出水SS超标主要有以下几种原因：
（1）过滤水池滤料高度不符合要求。
（2）二沉池出水悬浮物突然增高。
（3）过滤水池存在偏流现象。

49. 生活污水处理后出水色度超标的原因有哪些？

答：生活污水处理后出水色度超标主要有以下几种原因：
（1）来水色度过大。
（2）来水中金属离子含量偏大。

第六章　含煤废水处理

第一节　含煤废水的分布与管理

1. 含煤废水产生的主要途径有哪些？

答：燃煤电厂在正常的生产运行过程中，为防止输煤系统产生扬尘及保持良好的工作环境，除采取防尘设施外，要定时对输煤栈桥、转运站、煤仓间、磨（碎）煤机室等部位进行水冲洗，冲洗后的排水形成含煤废水；转运站、落煤筒、煤仓间等地方安装的水激式除尘器排污水形成含煤废水；露天煤场或未全封闭的煤场部分下雨天产生的带煤泥废水也形成含煤废水。

2. 含煤废水的主要特点有哪些？

答：根据国内燃煤电厂的实测资料，对于大于125MW机组的燃煤电厂，其含煤废水的排水量一般情况下约为150t/次，每天3~4次，具有间断性、瞬间流量大的特点。

含煤废水中含有一部分较大的煤粉颗粒、大量的悬浮物及很高的色度，根据工程的实际运行经验，含煤废水中悬浮物的浓度高达2000mg/L，色度高达400以上。这部分废水不能直接排放，也不能直接回收利用，需要进行适当处理以满足回收利用水质要求。

3. 含煤废水处理后的回用及排放标准是什么？

答：含煤废水经处理后，其出水水质达到pH值6~9，SS＜10mg/L，色度＜50，即可以达到国家污水排放标准中一级标准，能满足输煤冲洗水及其他工艺回用水的要求，并能保证设备的运行稳定。

4. 含煤废水经过混凝处理后，为什么还要进行过滤处理？

答：因为经过混凝处理后，只能除掉大部分悬浮物，还有细小悬浮物杂质未被除去，为防止其在管道沉积或堵塞管道、喷嘴，必须还要经过过滤才能将那些细小的悬浮物及杂质除去，以满足后期水处理设备的要求。

5. 为什么加混凝剂能除去水中悬浮物和胶体？

答：混凝剂加入水中后，通过混凝剂本身发生的变化使水中胶体失稳，并与小颗粒悬浮物聚集长大，加快下沉速度而去除。混凝剂本身发生的凝聚过程中伴随着许多物理化学作用。具体如下：

（1）吸附作用。当混凝剂加入水中形成胶体时，会吸附水中原有的胶体。

（2）中和作用。天然水中的自然胶体大都带负电，混凝剂所形成的胶体带正电，由于异性电相吸并中和的作用，促使水中胶体黏结并析出。

（3）接触絮凝作用。当水中悬浮物量较多时，凝聚的核心可以是某些悬浮物，即凝聚在悬浮物的表面形成。

（4）网捕作用。凝絮在水中下沉的过程中，好像一个过滤网在下沉，又可把悬浮物带走。

通过以上四种作用，达到在水中加入混凝剂除去水中的悬浮物和胶体的目的。

6. 影响混凝处理效果的因素有哪些?

答：影响混凝处理效果的因素主要有水温、pH值、水中的杂质、接触介质、加药种类及加药量等。

第二节　含煤废水处理系统

1. 简述含煤废水处理系统流程。

答：煤场喷淋水、输煤栈桥冲洗水、除尘系统排水、煤场雨水等各种含煤废水经收集后进入沉淀池进行初步沉淀，初沉后清水溢流至集水池由废水提升泵输送至废水处理设备，在废水处理设备中加药进行混凝、沉降、过滤等复合处理，经处理好的水进入回用水池，可供煤场喷淋、废水处理设备反洗过滤等使用，废水处理设备反冲洗和排出的泥浆返回煤泥沉淀池沉淀区域。

2. 详述含煤废水混凝澄清过滤处理工艺流程。

答：针对传统处理工艺的缺点，近年来在设计中对含煤废水处理工艺进行了改进，取得了一定的效果。改进后输煤系统冲洗后的含煤废水收集进入输煤沉淀池，然后由提升泵输送至高效废水净化器并加入絮凝剂及助凝剂进行处理，处理后的清水回用至输煤冲洗补充水系统。

该工艺的工作过程为：

（1）沉淀过程：含煤废水进入含煤废水处理站的沉淀池中，进行初步沉淀，以去除较大的煤粉颗粒和部分悬浮物。

（2）混凝反应过程：经沉淀池沉淀后的含煤废水由废水提升泵提升至废水净化装置内，同时在装置前投加无机混凝剂及有机助凝剂，在废水净化装置内的离心分离区，药液和废水混合，并逐渐形成矾花和较大絮团，在重力和离心力作用下逐渐下沉。

（3）离心分离过程：废水进入净化装置后，首先以切线方式进入离心分离区，水向下旋流，在离心力的作用下，大于20μm的颗粒旋流下沉至净化装置中的污泥浓缩区。

（4）重力沉降过程：当大于20μm的颗粒在净化装置中被分离后，小于20μm的颗粒在药剂的作用下逐渐形成絮团，在动态下絮团逐渐增大，当增大到一定程度时，在下旋力的作用下迅速下沉，下沉的速度大于静态的下沉速度，颗粒下沉至净化装置中的污泥浓缩区。

（5）动态过滤过程：当废水经过净化装置中的滤层时，粒径在5μm以上的颗粒基本被截流，以确保出水水质。经过滤后的水再进入清水区后通过顶部出水管排出。

（6）污泥浓缩过程：颗粒进入净化装置中的污泥浓缩区，在旋流力及静压的作用下，污泥快速浓缩，定期或连续排出。

（7）净化装置进行定期反冲洗，以保证设备的运行效果。

3. 含煤废水处理系统的主要设备有哪些？

答：含煤废水系统包括废水处理设备、加药设备（包括储药罐、计量泵、空压机）、含煤废水提升泵、反冲洗水泵、喷淋冲洗泵、加药间排水泵、煤泥沉淀池配套铸铁闸门及启闭机、桁架式刮泥机、全套电控设备及阀门、表计、全套加药管道等。

4. 含煤废水处理系统主要使用的药品有哪些？

答：含煤废水处理系统主要使用的药品有混凝剂和助凝剂，其中混凝剂宜采用10%碱式氯化铝（PAC）溶液，助凝剂宜采用0.5%聚丙烯酰胺（PAM）溶液。

5. 影响过滤器运行效果的主要因素有哪些？

答：影响过滤器运行效果的主要因素有：

（1）滤速。

（2）反洗。

（3）水流的均匀性。

（4）滤料的粒径大小和均匀程度。

6. 粒状滤料过滤器常用的滤料有哪几种？对滤料有何要求？

答：粒状滤料过滤器常用的滤料有石英砂、无烟煤、活性炭、大理石等。不管采用哪种滤料，均应满足下列要求：

（1）有足够的机械强度。

（2）有足够的化学稳定性，不溶于水，不能向水中释放出有害物质。

（3）有一定的级配和适当的孔隙率。

（4）价格便宜，货源充足。

7. 在过滤设备反洗时，应注意的事项有哪些？

答：（1）保证反洗强度合适。

（2）在空气或空气—水混洗时，应注意给气量和时间。

（3）保证过滤层洗净，同时要避免乱层或滤料流失。

8. 隔膜柱塞计量泵不上药的原因有哪些？

答：隔膜柱塞计量泵不上药的原因主要包括：泵吸入口太高、吸入管堵塞、吸入管漏气、吸入阀或排气阀有杂物堵塞、油腔内有气等。

9. 离心泵的工作原理是什么？

答：离心泵在泵内充满水的情况下，叶轮旋转产生离心力，叶轮槽道中的水在离心力的作用下，甩向外围流进泵壳。于是，叶轮中心压力下降，降至低于进口管内压力时，水在这个压力差的作用下，由吸水池流入叶轮，这样不断吸水，不断供水。

10. 离心泵启动后无出力或出力低的主要原因有哪些？

答：离心泵启动后无出力或出力低的主要原因有：

（1）进口管道或泵体里有空气。

（2）进水池或水箱液位低造成泵吸程太大。

（3）进、出口阀门未打开或进、出口管道堵塞导致泵进、出口阻力大。

（4）离心泵电气故障或转速不足。

（5）泵叶轮磨损严重。

11. 废水加药的柱塞泵与离心泵的启动方法有何区别？

答：柱塞泵是先开出、入口门，再启泵；离心泵是先开入口门，启泵后再开出口门。

12. 澄清系统运行中，水温对运行效果有何影响？

答：水温对澄清池运行的影响较大，水温低，絮凝缓慢，混凝效果差；水温变动大，容易使高温和低温水产生对流，也影响出水水质。

13. 过滤器排水装置的作用有哪些？

答：过滤器排水装置的作用主要有：

（1）引出过滤后的清水，而不使滤料带出。

（2）使过滤后的水和反洗水的进水，沿过滤器的截面均匀分布。

（3）在大阻力排水系统中，有调整过滤器水流阻力的作用。

14. 请叙述混凝剂加药工艺流程。

答：混凝剂来料后经过卸料泵卸入混凝剂溶液储药罐，再通过混凝剂计量泵加至含煤废水处理设备进水混凝剂管道混合器。

15. 请叙述助凝剂加药工艺流程。

答：助凝剂加至助凝剂熟化箱，并加水搅拌至药液熟化，再通过助凝剂计量泵加药至含煤废水处理设备进水助凝剂管道混合器。

第七章　脱硫废水

第一节　脱硫废水来源与排放

1. 什么是脱硫废水？

答：我国绝大多数电厂采用石灰石—石膏湿法脱硫技术脱除烟气中的SO_2，在脱硫系统运行过程中为维持系统的正常稳定运行，会排出一定量的废水，即脱硫废水，因其成分复杂、污染物种类多，成为燃煤电厂最难处理的废水之一。

2. 脱硫废水产生的原因是什么？

答：石灰石—石灰湿法烟气脱硫工艺中，烟气中的氟化物和氯化物溶解到脱硫浆液中，导致脱硫浆液中氟化物和氯化物的浓度不断增大。

氟化物会与脱硫浆液中铝相互作用对石灰石—石灰浆液的溶解产生屏蔽作用，使石灰石的溶解性减弱、脱硫效率降低。

氯化物浓度的增大主要有三方面影响：一是导致脱硫效率下降以及硫酸钙在设备和管道中析出倾向增大；二是增加对设备与管道等结构材料的腐蚀；三是降低脱硫副产物石膏的质量。

为最大限度减轻这些影响，需控制脱硫浆液中氯化物和氟化物的含量，一般将脱硫浆液中氯化物的含量控制在20000mg/L内。因此，脱硫系统必须排出一定量的脱硫浆液，并补充新鲜的石灰石—石灰浆液及工艺水来降低脱硫浆液中氟化物和氯化物的浓度，系统排出的这部分脱硫浆液就是脱硫废水。

3. 脱硫废水通常会混入其他工业废水，主要有哪些？

答：脱硫废水中含有的工业废水主要有：

（1）石膏浆液废水：烟气与石灰石浆液在吸收塔中反应生成的石膏浆液含水率很高，必须经过真空皮带脱水机脱水，脱水石膏才可以回收利用，脱水过程中产生的废水。

（2）工艺冲洗废水：由于浆液池中的石灰石浆液和吸收塔中的石膏浆液浓度很大，易产生结垢堵塞问题，在运行过程中需对设备进行不断冲洗，冲洗过程产生的废水。

（3）溢流水：水力旋流器的溢流水。

（4）其他废水：锅炉冲洗水、排污水、机组冷却水、再生废水、反渗透浓水等混入脱硫废水处理系统。

4. 脱硫废水产生量一般为多少?

答：脱硫废水的水量与烟气中的HCl和HF、吸收塔内浆液的Cl^-质量浓度、脱硫用水的水质等有关。以一台300MW机组为例，计算脱硫废水产生量一般为4~8m^3/h；而一台600MW机组，计算脱硫废水产生量一般为6~10 m^3/h。

5. 影响脱硫废水水量的主要因素有哪些?

答：影响脱硫废水水量的主要因素有以下几个方面：

（1）脱硫废水的水量直接取决于烟气中的HCl、HF，而烟气中的HCl、HF主要来自于机组燃烧的煤，煤中Cl^-、F^-质量含量越高，烟气中的HCl、HF质量浓度越高，则废水的水量越大。

（2）脱硫废水的水量关键取决于吸收塔内Cl^-的控制质量浓度。浆液中的Cl^-质量浓度太高，石膏品质下降且脱硫效率降低，设备的防腐蚀要求增高；浆液中的Cl^-质量浓度过低，脱硫废水的水量增大，废水处理的成本提高。根据经验，脱硫废水的Cl^-质量浓度控制在10000~20000mg/L为宜。

（3）脱硫废水的水量还与脱硫工艺用水的Cl^-质量浓度有关。脱硫工艺用水的Cl^-质量浓度越高，脱硫废水量越大。

6. 脱硫废水中污染物的来源有哪些?

答：脱硫废水中污染物的来源主要体现在以下几个方面：

（1）煤燃烧后烟气携带物是脱硫废水污染物的主要来源。

（2）脱硫废水中的一部分污染物来源于石灰石。

（3）脱硫系统中的部分污染物来自于工艺水。

（4）在脱硫系统的设计及运行中，添加剂的使用、氧化方式或氧化程度以及脱硫系统的建设材料选择会影响脱硫废水水质。

（5）脱硫塔前污染物控制设备运行过程中引起的水中污染物

变化。

7. 影响脱硫废水产生的因素有哪些?

答：脱硫废水的水质及水量主要受燃煤品质、石灰石品质、工艺水水质、脱硫系统的设计及运行、脱硫塔前污染物控制设备以及脱水设备等的影响。

脱硫废水污染物成分的差异最根本原因是煤种和吸收剂，不同产地原料的差异直接导致废水污染物成分的异同。锅炉负荷、燃烧方式、烟气温度等直观因素也会通过影响化学反应的条件进而改变产物的组分甚至成分。

8. 脱硫废水的危害有哪些?

答：脱硫废水成分复杂，对设备管道和水体结构都有一定的影响，其危害主要体现在以下方面：

（1）脱硫废水中的高浓度悬浮物严重影响水的浊度，并且在设备及管道中易产生结垢现象，影响脱硫装置的运行。

（2）脱硫废水呈弱酸性，重金属污染物在其中都有较好的溶解性，虽然它们的含量较少，但直接排放对水生生物具有一定毒害作用，并通过食物链传递到较高营养阶层的生物。

（3）脱硫废水中氯离子浓度很高，会引起设备及管道的腐蚀，当浓度达到一定程度后会严重影响吸收塔的运行和使用寿命，还会抑制吸收塔内物理和化学反应过程，影响SO_2吸收，降低脱硫效率；由于氯离子的存在会抑制吸收剂的溶解，所以脱硫吸收剂的消耗量随氯化物浓度的增大而增大，同时石膏浆液中剩余的吸收剂增大，使吸收剂的脱硫效率降低，还会造成后续石膏脱水困难，导致成品石膏中含水量增大，影响石膏品质。

（4）脱硫废水中高浓度的硫酸盐直接排放到环境水体中会扩散到沉积层，硫酸盐还原菌将SO_4^{2-}转化为S^{2-}，S^{2-}会与水中的金属元素发生反应，导致水中甲基汞的生成，造成水生植物必要的微量金属元素缺失，改变水体原有的生态功能。

（5）脱硫废水中大量硒的排放会对土壤和水源造成污染，影响人和动物的健康，长期积累还会引起慢性中毒。

9. 目前脱硫废水水质控制指标要求是什么?

答：DL/T 997—2006《火电厂石灰石—石膏湿法脱硫废水水质控

制指标》规定了火电厂石灰石—石膏湿法烟气脱硫系统产生的废水在处理后应达到的水质控制指标。厂区排放口要求硫酸盐最高允许排放浓度值控制在2000mg/L。脱硫废水处理系统出口各指标为：悬浮物70 mg/L、化学需氧量150mg/L（化学需氧量的数值要扣除随工艺水带入系统的部分）、氟化物30mg/L、硫化物1.0mg/L、pH值6~9。标准中对脱硫废水处理系统出口总汞、总镉、总铬、总砷、总铅、总镍、总锌控制值也有严格的要求。

10.《发电厂废水治理设计规范》对脱硫废水处理的要求是什么？

答：DL/T 5046—2018《发电厂废水治理设计规范》中总体要求如下：

（1）脱硫废水宜处理回用。当环评允许时，应处理后达标排放。当有零排放要求时，应对脱硫废水进行深度处理。

（2）脱硫废水处理装置应单独设置，并按连续运行方式设计。

（3）脱硫废水处理产生的泥浆宜进行单独的脱水处理。

（4）当用于干灰调理或煤场喷洒时，应采取防腐措施。

11. 关于脱硫废水处理的指导性意见是什么？

答：环境保护部2017年1月11日印发了《火电厂污染防治技术政策》提出：脱硫废水宜经石灰处理、混凝、澄清、中和等工艺处理后回用。鼓励采用蒸发干燥或蒸发结晶等处理工艺，实现脱硫废水不外排。

第二节 脱硫废水处理工艺

1. 现有脱硫废水处理技术主要有哪些？

答：国内外已有的脱硫废水处理技术主要有：沉降池技术、化学沉淀技术、回用技术、吸附沉淀技术、生物处理技术、混合零价铁技术、人工湿地技术、膜处理技术、蒸发池技术、烟道蒸发技术、蒸发结晶技术等。

2. 什么是脱硫废水沉降池处理技术？

答：沉降池技术是通过重力作用去除废水中颗粒物，基于此原理，必须保证沉降池内有足够的停留时间。

3. 沉降池技术的优缺点是什么？

答：沉降池技术的优点是：不需要添加化学药剂，设备构筑物简单，投资成本和运行成本均较低。

沉降池技术的缺点是：沉淀池占地面积大，无法去除废水中的可溶性盐，不能满足排放标准的要求，一般只用于其他工艺的预处理。

4. 什么是脱硫废水化学沉淀处理技术？

答：脱硫废水化学沉淀技术是通过中和、沉淀、絮凝、澄清等过程对脱硫废水进行处理，去除悬浮物、重金属等物质。

5. 化学沉淀技术的优缺点是什么？

答：化学沉淀技术的优点是：在国内外电厂脱硫废水处理中应用广泛，技术成熟，运行相对稳定可靠，维护简单，对大部分金属和悬浮物有很好的去除作用。

化学沉淀技术的缺点是：存在对氯离子等可溶性盐分没有去除效果、运行控制难、投入成本高、设备管道堵塞频繁、澄清池排泥困难等问题。

6. 脱硫废水处理后回用方式有哪些？

答：脱硫废水经过处理后回用方式有：用于水力除灰渣系统、用于煤场或灰场喷淋、用于干灰拌湿等。

7. 脱硫废水用于水力冲灰指的是什么？

答：脱硫废水处理达标后用于水力冲灰，即经处理后进入水力除灰系统，脱硫废水中的重金属或酸性物质与灰中的氧化钙反应生成固体而得到去除，从而达到以废治废的目的。

8. 脱硫废水用于水力冲灰的优缺点是什么？

答：脱硫废水用于水力冲灰基本不需要对水力除灰系统进行任何改造，也不需要额外增加水处理设备，具有投资小、运行方便的优点。但是，该方案需要脱硫废水均匀地掺入除灰系统，防止大流量掺入时对除灰设备及管道造成腐蚀。脱硫废水中悬浮物和Cl^-含量高，易造成管路的堵塞，存在一定的风险。

9. 脱硫废水用于煤场或灰场喷洒的缺点是什么?

答：脱硫废水经处理后用于煤场或灰场喷淋，将脱硫废水作为煤场、灰场抑尘喷洒水的补水，存在腐蚀的风险，并且脱硫废水中的污染因子转移到燃煤中，继续进入锅炉，在整个燃煤系统中循环累积。

10. 脱硫废水干灰拌湿的局限性是什么?

答：脱硫废水经处理后用于干灰拌湿需要水量较少，干灰拌湿后剩余水量还需要采用其他方式回用或排放，且用于脱硫废水中成分复杂，粉煤灰拌湿后的综合利用价值降低。

11. 什么是脱硫废水吸附沉淀处理技术?

答：吸附沉淀处理技术是脱硫废水在流化床反应器中，与高锰酸钾溶液混合，高锰酸钾与废水中的二价锰离子以及添加的亚铁离子反应生成二氧化锰和氢氧化铁，附着在石英砂填料表面，对废水中其他重金属离子具有很强的吸附与络合作用，被吸附与络合的重金属离子共聚成颗粒沉降下来形成污泥，从而达到去除重金属的目的。

12. 吸附沉淀技术优缺点是什么?

答：吸附沉淀技术的优点是：运行成本低、工艺操作简单、处理效率高，对重金属离子的去除效果好，且处理后污泥量少。

吸附沉淀技术的缺点是：因脱硫废水中含有大量的可溶性盐，会抑制吸附剂对重金属的吸附，要将吸附沉淀法实际应用在脱硫废水的处理中，需在吸附剂选择、运行条件优化、吸附剂再生以及工业化设计和运行方面开展大量工作，因此目前大多数研究仍停留在试验阶段。

13. 什么是脱硫废水生物处理技术?

答：生物处理是利用微生物处理可生物降解的可溶的有机污染物或是将许多不溶的污染物转化为絮状物。污染物可通过有氧、无氧或缺氧三种方式去除。一般电厂利用有氧方式去除BOD_5，通过厌氧或缺氧的方式去除金属或是营养盐，微生物可以通过呼吸作用将硒酸盐或亚硒酸盐还原为元素态的硒，吸附在微生物细胞表面。

14. 生物处理技术优缺点是什么?

答：生物处理技术的优点是：可以有效地去除脱硫废水中的硒、

汞等重金属元素。

生物处理技术的缺点是：生物处理系统复杂，造价高且容易形成有毒的有机硒和有机汞等，造成二次污染。

15. 什么是脱硫废水混合零价铁处理技术?

答：利用零价铁可以有效地减少废水中硒酸盐或是亚硒酸盐的含量，基于此原理实现脱硫废水中重金属的去除，即为脱硫废水混合零价铁处理技术。

16. 混合零价铁技术优点及工业应用问题有哪些?

答：混合零价铁技术的优点是：运行费用较低。混合零价铁技术还处在工业化试验阶段，未投入使用，且反应活性和整体处理效果尚有待进一步研究。

17. 什么是脱硫废水人工湿地处理技术?

答：人工湿地处理技术是依靠自然湿地生态系统中物理、化学和生化反应的协同来处理废水，废水所含污染物被功能植物再利用或直接去除，该方法可以促进废水的循环与再生。

脱硫废水人工湿地处理技术是利用包括湿地植物、土壤及微生物活动在内的自然过程降低废水中的金属、营养素以及总悬浮物的浓度。人工湿地由若干包含植物和细菌的单元组成，电厂可根据去除污染物的种类选择合适的单元。

18. 人工湿地技术的优缺点是什么?

答：人工湿地技术的优点是：工艺流程简单、系统运行维护费用低、出水水质好、特别是对汞和硒等重金属的处理效果好。

人工湿地技术的缺点是：修建时间长、占地面积大，适合在远离人口密集地区投建运行，并且人工湿地对周围土壤及水体的潜在影响很难在短时间内评判。因而，其应用具有局限性。

19. 什么是脱硫废水膜处理技术?

答：膜处理技术主要用于化学沉淀法处理脱硫废水后出水，利用微滤、超滤膜的过滤特性截留悬浮物和胶体等，利用反渗透膜的分离特性截留可溶性盐分离子等，实现脱硫废水深度处理或减量处理；利用电渗析离子交换膜的选择透过性实现阴、阳离子分别向阳极和阴极移动，达到废水浓缩的目的。

20. 脱硫废水膜处理技术的优缺点是什么?

答：脱硫废水膜处理技术的优点是：处理效果好，满足高要求的排放标准，操作简单且可实现自动化。

脱硫废水膜处理技术的缺点是：废水中含有大量的易结垢成分，易出现膜污染现象，需要设置预处理措施，投资及运行费用高，且运行不稳定。

第三节 三联箱处理工艺

1. 三联箱工艺中三联箱指什么?

答：三联箱包括中和箱、反应箱和絮凝箱。

2. 请简要说明三联箱工艺处理过程。

答：三联箱工艺处理过程简述如下：

（1）废水中和。在中和箱中加入适量的石灰或者碱液将pH值调至10.0左右，这样能有效去除水中的金属离子。

（2）反应沉淀。在反应箱中加入有机硫，主要用来去除汞、铅等重金属离子。

（3）絮凝。在絮凝箱中加入一定量的絮凝剂及助凝剂，目的是沉淀物形成大颗粒，增加沉淀效果。

（4）浓缩澄清。在澄清池中将污泥沉淀物进行排放，经过污泥压滤机后外运，上部是化学沉淀处理后的净水。

3. 三联箱工艺处理效果如何?

答：三联箱工艺是目前脱硫废水处理采用最多的方法，可有效去除悬浮固体、重金属离子和F^-等污染物，处理后的出水酸碱度、浊度及重金属指标符合控制要求。但是，三联箱工艺不能有效去除Na^+、Cl^-、SO_4^{2-}、Ca^{2+}和Mg^{2+}等离子，出水含盐量仍很高，无法回用，无论是排入到水体还是泥土，容易造成水体的恶化以及盐碱地的形成，并且脱硫废水不含有机物，Cl^-含量高在偏酸性水环境中具有腐蚀性大的缺点，排入市政污水处理厂会造成微生物的死亡，从而导致出水恶化，无法达到回用的标准，因而该技术在未来脱硫废水处理中将日渐受到限制。

4. 缓冲水池的作用是什么？

答：脱硫废水进入缓冲水池在搅拌作用下实现均质调节，稳定后续处理单元进水量，同时减少水质波动。此外，在缓冲水池通入空气可将亚硫酸根氧化成硫酸根，起到改进污泥特性和降低还原性物质含量的作用。

5. 中和箱工作原理是什么？

答：在中和箱中加入石灰乳，将废水的pH值从5.5左右调整到10.0左右，使废水中的大部分重金属生成氢氧化物沉淀，并且石灰乳中的钙离子与废水中的氟离子反应生成溶解度较小的氟化钙沉淀，与As^{3+}络合生成$Ca_3(AsO_3)_2$等难溶物质。

6. 反应箱工作原理是什么？

答：$Ca(OH)_2$的加入使大部分重金属生成了氢氧化物沉淀，但Pb^{2+}、Hg^{2+}等仍以离子形态留在废水中，所以在反应箱中加入有机硫，使其与水中剩余的Pb^{2+}、Hg^{2+}等反应生成溶解度更小的金属硫化物而沉积下来。

7. 絮凝箱工作原理是什么？

答：脱硫废水经中和箱、反应箱处理后，生成了大量的沉淀物，但这些沉淀物细小而且分散，有的甚至为胶体，因此在絮凝箱内加入絮凝剂，使水中的悬浮固体或胶体杂质凝聚成微细絮凝体，微细絮凝体在絮凝箱中缓慢形成稍大的絮体，在絮凝箱出口处加入助凝剂，来降低颗粒的表面张力，强化颗粒的长大过程，进一步促进氢氧化物和硫化物的沉淀，使微细絮凝体慢慢变成更大、更易沉淀的絮状物，同时也使脱硫废水中的悬浮物沉降下来。

8. 澄清浓缩池工作原理是什么？

答：废水由絮凝箱自流进入澄清浓缩池，絮凝体在澄清浓缩池中与水分离。絮体因比重较大而沉积在底部，然后通过重力浓缩成污泥。浓缩污泥作为接触污泥由污泥循环泵打回到中和箱，提供沉淀所需的晶核，过剩的污泥进入污泥储箱。澄清浓缩池上部则为净水，净水通过澄清浓缩池周边的溢流口自流出水。

9. 三联箱工艺加药系统有哪些？

答：三联箱工艺化学加药系统包括：石灰乳加药系统、有机硫加药系统、絮凝剂加药系统、助凝剂加药系统、盐酸/硫酸加药系统和次氯酸钠加药系统。

10. 典型的石灰乳加药系统流程是什么？

答：典型的石灰乳加药系统流程是石灰粉末由罐车运来，运输车配带气力输送系统，直接送入石灰粉仓。石灰粉仓顶部带布袋除尘器，底部带自动投加系统，直接将石灰粉末送入石灰乳制备箱。石灰粉在制备箱中与水混合，在搅拌器的搅拌作用下，制成含量约为20%（wt）的石灰乳液。石灰乳液循环泵将石灰乳一部分重新打回制备箱进行循环，一部分输送到溶液箱中，在溶液箱中继续加水进一步稀释成含量约为5%（wt）的石灰乳液，然后通过石灰乳加药泵将石灰乳输送到加药点（中和箱）。

11. 有机硫加药系统流程是什么？

答：有机硫加药系统包括有机硫计量箱和加药计量泵以及管道、阀门，组合在一个小单元成套装置内。有机硫的成品浓度约为15%（wt），投加时根据系统运行情况可稀释或不稀释。有机硫溶液由计量泵从计量箱输送到加药点（反应箱）。

12. 絮凝剂加药系统流程是什么？

答：絮凝剂加药系统包括絮凝剂计量箱和加药计量泵以及管道、阀门，组合在一个小单元成套装置内。絮凝剂的成品浓度约为40%（wt），投加时稀释成浓度约为10%（wt）的稀溶液。絮凝剂溶液由计量泵输送到加药点（絮凝箱）。

13. 助凝剂加药系统流程是什么？

答：助凝剂加药系统包括助凝剂计量箱/熟化箱和加药计量泵以及管道、阀门，组合在一个小单元成套装置内。助凝剂产品为粉末状固体，稀释后浓度约为0.1%（wt）。助凝剂溶液由计量泵输送到加药点（絮凝箱和脱水机）。

14. 盐酸加药系统流程是什么？

答：盐酸加药系统包括卸酸泵、盐酸储箱和计量泵以及管道、阀门，组合在一个小单元成套装置内，并设置单独房间。盐酸由汽车运输，自流进入卸酸泵，升压后打入盐酸储箱，最后由计量泵输送到加药点（清水箱）。实际使用时，根据测得的pH值确定加药量。另外，设置一个碱中和式酸雾吸收器，吸收盐酸储箱和盐酸计量箱里产生的酸雾。

15. 次氯酸钠加药系统流程是什么?

答：次氯酸钠加药系统包括次氯酸钠计量箱和加药计量泵以及管道、阀门，组合在一个小单元成套装置内。次氯酸钠稀释后由计量泵输送至加药点。

16. 污泥脱水系统流程是什么?

答：澄清池底部污泥排至污泥储箱浓缩，浓缩污泥经污泥输送泵送到污泥脱水机，脱水后的污泥运送到渣场或灰场贮存，污泥脱水的滤液进入废水回收池内，由废水回收泵送往中和箱内重新处理。

第八章　燃煤电厂脱硫废水零排放

第一节　脱硫废水零排放概述

1. 什么是废水零排放？

答：废水零排放又称废液零排放，一般是指电厂不向外部水域排放任何废水，所有离开电厂的水都是以蒸汽的形式蒸发到大气中或以少量的水分包含在灰和渣中。

2. 脱硫废水零排放的意义是什么？

答：实现脱硫废水零排放有利于减少污水的排放量，具有良好的环境效益，废水和盐分完全资源化再利用，对生态环境的改善有着极为重大的意义。

3. 脱硫废水零排放包括哪些处理单元？

答：脱硫废水零排放处理系统按其工艺特性可分为预处理单元、浓缩减量单元和固化单元。各单元应根据系统处理水量、水质条件，进行安全和技术经济性比选后，选择合适的处理技术和工艺。

第二节　预处理单元

1. 脱硫废水预处理单元的作用是什么？

答：预处理是实现脱硫废水零排放的基础，主要是对废水进行软化处理，去除废水中过高的钙镁硬度，防止后续处理系统频繁出现污堵、结垢等现象，同时去除废水中的悬浮物、重金属和硫酸根等离子。

2. 脱硫废水预处理单元常用技术有哪些？

答：常用于脱硫废水零排放预处理单元的工艺技术有pH值调节、

化学沉淀、混凝沉淀、过滤以及离子软化等。

3. 什么是脱硫废水 pH 值调节技术?

答：在中和反应单元通过投加石灰、氢氧化钠等碱性药剂调节pH值至反应区间。在澄清出水单元通过投加盐酸、硫酸等酸性药剂调节pH值至后续处理单元控制区间。

4. 什么是脱硫废水化学软化处理技术?

答：化学软化处理是通过投加化学药剂使水中的钙、镁离子形成沉淀而被去除，从而使废水得到软化。

5. 化学软化处理技术中用到的药剂如何选择?

答：化学软化处理主要依靠投加石灰及碳酸钠来降低脱硫废水的硬度，石灰可以去除碳酸盐硬度，碳酸钠可以去除脱硫废水的钙离子。若脱硫废水中镁离子含量高，投加氢氧化钙引入的钙离子量就大，碳酸钠药剂加入量就大，由于碳酸钠药剂费用高，脱硫废水运行成本会显著升高。为降低污泥产生量和碳酸钠投加量，有时选用氢氧化钠替代石灰，以降低钙离子引入量，或者选择同时投加石灰和氢氧化钠的方式。

6. 脱硫废水化学软化处理的运行效果如何?

答：化学软化处理可有效去除钙、镁和硫酸根等离子，降低废水硬度，技术成熟，但药剂消耗量大，污泥产生量大。

7. 常用脱硫废水化学沉淀法有哪些?

答：常用脱硫废水化学沉淀法有石灰–碳酸钠法、氢氧化钠–碳酸钠法、石灰+氢氧化钠–碳酸钠法。

8. 脱硫废水化学沉淀法有哪些?

答：脱硫废水化学沉淀法有石灰+硫酸钠–碳酸钠法、氢氧化钠+硫酸钠–碳酸钠法、石灰+氢氧化钠+硫酸钠–碳酸钠法、烟气中二氧化碳软化法等。

9. 脱硫废水混凝沉淀法处理技术是什么?

答：脱硫废水混凝沉淀法处理技术是在化学沉淀法后的废水中投

加混凝剂，在混凝剂的作用下，使废水中的胶体和细微悬浮物凝聚成絮凝体，然后予以分离去除。

10. 混凝沉淀法常用的药剂有哪些?

答：用于脱硫废水混凝沉淀处理的药剂常用的有聚铁、聚铝等混凝剂，以及聚丙烯酰胺（PAM）等助凝剂。

11. 脱硫废水混凝沉淀法运行效果如何?

答：混凝沉淀法可有效去除水中大部分悬浮物，但出水仍含有部分细微悬浮物，且处理效果不稳定，易受水质波动的影响。

12. 脱硫废水过滤处理技术是什么?

答：过滤处理技术是将混凝沉淀出水中残留的悬浮物和大颗粒物质截留，进一步降低废水浊度，确保后续处理单元进水水质，保证装置正常、稳定运行，常与混凝沉淀单元联合使用。

13. 常用的脱硫废水过滤处理技术有哪些?

答：常用的脱硫废水过滤处理技术有多介质过滤器、纤维过滤器、微滤、超滤、纳滤等。

14. 脱硫废水离子交换软化技术是什么?

答：离子交换软化技术是利用离子交换剂降低水中硬度的水处理方法，用于脱硫废水处理可去除剩余硬度，保障后续处理装置稳定运行。

15. 离子交换软化技术有哪些?

答：离子交换软化技术有钠离子交换软化技术、氢离子交换软化技术和氢钠离子交换软化技术。

16. 脱硫废水离子交换软化技术运行效果如何?

答：离子交换软化工艺具有投资低、占地小、出水稳定等优点，脱硫废水采用该工艺对于提高脱硫废水深度处理系统运行稳定性、防止后续设备结垢、延长使用年限等十分有益。

17. 脱硫废水预处理单元工艺流程如何设计?

答：脱硫废水预处理单元一般采取的工艺流程为：脱硫废水首先

排至缓冲池进行均质、均量调节，然后加入适当的药剂经一级或两级化学沉淀反应后通过相应的混凝沉淀澄清得到澄清出水，出水再经过进一步的过滤满足后续处理单元进水要求，根据后续处理工艺设计，过滤出水有选择性地考虑离子软化处理。

第三节　浓缩减量单元

1. 脱硫废水浓缩减量的作用是什么？

答：浓缩减量主要通过热浓缩或膜浓缩等技术，使预处理后的脱硫废水得到浓缩，废水量得到降低。这不仅可回收水资源，更重要的是减少后续蒸发固化的处理量，从而降低蒸发固化的处理成本，是降低脱硫废水零排放投资运行成本的重要手段。

2. 浓缩减量常用技术有哪些？

答：浓缩减量技术分为热浓缩减量工艺和膜浓缩减量工艺。

3. 脱硫废水热浓缩减量工艺有哪些？

答：热浓缩减量技术主要有多效蒸发工艺、机械蒸汽再压缩工艺、低温烟气浓缩工艺、闪蒸工艺等。

4. 什么是多效蒸发技术（MED）？

答：多效蒸发技术是指将多个蒸发器串联起来，前一个蒸发器的二次蒸汽作为下一个蒸发器的加热蒸汽，下一个蒸发器的加热室便是前一个蒸发器的冷凝器，使蒸汽热能得到多次利用，从而提高热能的利用率。蒸发同样数量的水分，采用多效蒸发技术时所需要的生蒸汽量比单效蒸发技术时少，可以提高蒸汽的利用率。

5. 低温多效蒸发技术特点是什么？

答：低温多效蒸发技术主要特点是操作温度低，可利用电厂低温废热，热效率高，动力消耗小，操作弹性大。但该技术设备体积一般较大，占地面积大，投资成本较高，系统相对比较复杂。

6. 什么是机械蒸汽再压缩技术（MVR）？

答：机械蒸汽再压缩技术是指将从蒸发器出来的二次蒸汽经压缩

机绝热压缩后送入蒸发器的加热室，二次蒸汽经压缩后温度升高，在加热室内冷凝释放热量，使料液吸收热量沸腾汽化再产生二次蒸汽经分离后进入压缩机，循环往复，从而使蒸汽得到充分的利用，提高热效率。这种蒸发器只在启动阶段需要生蒸汽，运行中补充一定的压缩功（耗电）代替大量的加热蒸汽。

7. 机械蒸汽再压缩技术（MVR）的技术核心是什么？

答：MVR技术核心是利用系统产生蒸汽的潜热进行待蒸发料液的加热，实现热量的循环利用。

8. 机械蒸汽再压缩技术（MVR）的工艺特点是什么？

答：MVR能有效回收利用蒸发器中的二次蒸汽，避免热能浪费和冷却水需求的问题，从而达到节能的目的。MVR具有运行稳定、资源回收率高、占地面积小、清洁环保、应用范围广、不需要添加药剂等特点。

9. 什么是蒸汽动力压缩式蒸发技术（TVR）？

答：在蒸汽动力压缩方式中，使用蒸汽喷射泵，以少量高压蒸汽为动力，将部分二次蒸汽压缩并混合后一起进入加热室作为加热蒸汽使用。

10. 蒸汽动力压缩式蒸发技术（TVR）的工艺特点是什么？

答：蒸汽动力压缩式蒸发系统只能利用一部分（约55%）二次蒸汽，其余的二次蒸汽送往冷凝器冷凝，因此在能量利用性上不及机械压缩式蒸发系统。但其本身结构简单，消耗蒸汽而不耗电。

11. 什么是多级闪蒸技术？

答：多级闪蒸技术是将原料水加热到一定温度后引入闪蒸室，由于该闪蒸室中的压力控制低于热盐水温度所对应的饱和蒸气压，故热盐水进入闪蒸室后即成为过热水而急速地部分气化，从而使热盐水自身的温度降低，所产生的蒸汽冷凝后即为淡水，使热盐水一次流经若干个压力逐渐降低的闪蒸室，逐级蒸发降温，同时盐水也得到了逐级浓缩，直到其温度接近（但高于）原水温度。

12. 多级闪蒸技术特点是什么？

答：多级闪蒸技术可靠性高、防垢性能好、易于大型化，但也存在设备腐蚀快、能耗高、传热效率低和操作弹性小的缺点。多级闪蒸技术投资成本较高，只有在大规模使用的情况下才具有较高的经济效益。

13. 什么是低温烟气浓缩技术?

答：低温烟气浓缩技术是利用低温省煤器后的低温烟气余热，将其引入含盐废水浓缩装置，与含盐废水换热，换热后烟气返回主烟道，含盐废水部分水分蒸发，盐分得到浓缩。

14. 低温烟气浓缩技术特点是什么?

答：低温烟气浓缩技术可利用低温烟气余热实现废水浓缩，不仅利于企业的节能降耗，同时能够大大降低废水处理成本，但需解决蒸发效率以及结垢堵塞等问题。

15. 脱硫废水膜法浓缩减量工艺主要有哪些?

答：膜法减量浓缩工艺主要有反渗透、正渗透、电渗析和膜蒸馏等。

16. 脱硫废水反渗透（RO）浓缩减量工艺是什么?

答：对于高含盐的脱硫废水初步浓缩通常选择普通反渗透，如苦咸水淡化反渗透或海水淡化反渗透，经普通反渗透浓缩后产生的TDS高于50000mg/L左右的浓盐水再选择高压反渗透进行深度浓缩。

17. 海水淡化反渗透技术（SWRO）的效果如何?

答：SWRO技术用于脱硫废水初步浓缩，可将含盐量约3%左右的脱硫废水浓缩至5%~8%。

18. 什么是碟管式反渗透技术 / 高压平板膜技术（DTRO）?

答：DTRO是一种特殊的反渗透形式，专门用于处理高浓度废水。其核心技术是碟管式膜片膜柱，将反渗透膜片和水力导流盘叠放在一起，用中心拉杆和端板进行固定，然后置入耐压套管中，就形成一个膜柱。其独特的结构使料液在过滤过程中形成湍流状态，最大程度上减少了膜片表面结垢、污染及浓差极化现象的产生。

19. 碟管式反渗透技术 / 高压平板膜技术（DTRO）的技术特点是什么？

答：DTRO工艺开放式的宽流道能够有效避免物理堵塞，凸点支撑导流盘表面特殊设计可减少膜表面结垢、污染及浓差极化现象的产生，并且易于清洗。DTRO浓缩倍数高，浓缩后TDS可达12%~16%。

20. 什么是网管式反渗透技术（STRO）？

答：STRO组件的膜片采用工业抗污染反渗透或纳滤膜，格网通道采用区别于一般卷式膜的平行格网结构，卷式膜组件由膜片卷绕在中心透析管上，并通过格网形成间隔。STRO拥有开放式的流道、卷式的膜组件和无障碍、无湍流式的进水系统，耐悬浮物和耐污染能力得到提高。

21. 网管式反渗透技术（STRO）的技术特点是什么？

答：STRO卓越的流体动力学设计可大大降低反渗透膜组件中常见的污堵和结垢，并且清洗效果好，性能易恢复，浓缩倍数高。

22. 什么是正渗透技术（FO）？

答：正渗透技术（FO）是一种利用浓度驱动的新型分离技术，以选择性半透膜两侧的渗透压作为驱动力，不需要外部压力。在膜的两侧分别是浓度较小而水化学势较高的溶液（原料液）和浓度较高而水化学势较低的溶液（汲取液）。水分子从化学势高的区域自发的传递到水化学势较低的区域，溶质分子和离子留在水化学势较高的一侧，最终原料液被浓缩、汲取液被稀释。

23. 正渗透关键组成部分有哪些？

答：正渗透膜分离关键组成部分有正渗透汲取液和正渗透膜。汲取液是具有高渗透压的溶液体系，在渗透过程中提供驱动力，理想的汲取液在水中有较高的溶解度，能产生较高的渗透压。

24. 正渗透工作原理是什么？

答：正渗透技术是在半透膜两侧产生的渗透压差为驱动力下，水分子自发地从高盐水向汲取液渗透的过程。汲取液由于高度的溶解性，具有极高的渗透压。这个高渗透压甚至可以在进水TDS为

150000mg/L时驱动水分子透过膜，原水与正渗透膜接触后被浓缩，汲取液进入膜壳后以相反的方向流过膜堆，并且被从原水侧透过的水稀释。

25. 正渗透技术特点是什么?

答：正渗透属自发过程，无须提供高的机械压力克服高盐水的渗透压，系统运行均为低压；脱盐率较高，与反渗透装置接近，可达97%以上脱盐率，浓缩后的TDS可高达220g/L。但是汲取液的再生需额外能量，汲取液的再生复杂，整个工艺路线长，系统复杂，投资成本高。

26. 什么是电渗析技术（ED）?

答：ED是利用离子交换膜进行水处理淡化的方法。离子交换膜是一种功能性膜，分为阴离子交换膜和阳离子交换膜（简称阴膜和阳膜）。阳膜只允许阳离子通过，阴膜只允许阴离子通过，这就是离子交换膜的选择透过性。在外加电场的的作用下，水溶液中的阴、阳离子会分别向阳极和阴极移动，如果中间再加上离子交换膜，就可以达到分离浓缩的目的。电渗析组件由膜堆、极区和夹紧装置等部分组成。

27. 电渗析技术（ED）的技术特点是什么?

答：电渗析浓缩过程为电场驱动，其进水要求相对较低，仅对进水悬浮物含量及强氧化物、有机溶剂等有所限制，预处理过程简单，且具有结构紧凑、常压运行、浓缩倍数较高等特点。但是电渗析具有能耗高、造价昂贵且产品水不能直接回用、需要耦合其他方法进一步处理的缺点。

28. 什么是膜蒸馏技术（MD）?

答：膜蒸馏技术是一种新型的分离技术，是以疏水性微孔膜两侧蒸汽压差为传质推动力的膜分离过程。

29. 膜蒸馏过程的特征是什么?

答：膜蒸馏过程区别于其他膜过程的特征是：膜是微孔膜；膜不能被所处理的液体浸润；膜孔内无毛细管冷凝现象发生；只有蒸汽能通过膜孔传质。膜不能改变操作液体中各组分的汽液平衡；膜至少有一侧要与操作液体直接接触；对每一组分而言，膜操作的推动力是该组分的气相分压梯度。

30. 膜蒸馏技术原理是什么？

答：当不同温度的水溶液被疏水微孔膜分隔开时，由于膜的疏水性，两侧的水溶液均不能透过膜孔进入另一侧，但由于热侧水溶液与膜界面的水蒸气压高于冷侧，水蒸气就会透过膜孔从热侧进入冷侧而冷凝，与常规蒸馏中的蒸发、传质、冷凝过程十分相似。

31. 膜蒸馏技术特点是什么？

答：膜蒸馏技术具有不易被污染、操作压力低、预处理简单、产水品质高和可处理高浓度盐水等优点，且可利用电厂丰富的低品质废热，能近100%地截留非挥发性溶质。但该技术也存在能量利用率较低、膜通量较小和膜污染与膜润湿等问题。目前该技术在大规模应用下的安装、长期运行、经济效益和结垢污染等情况仍需要进一步探究。

第四节　固化单元

1. 脱硫废水固化单元的作用是什么？

答：脱硫废水固化单元的作用是使浓缩后的脱硫废水水分汽化，盐分析出得到综合利用或形成资源化产品，是实现脱硫废水零排放的终端处理单元，是脱硫废水零排放的核心。

2. 固化工艺主要有哪些？

答：固化工艺主要有自然或强化自然蒸发结晶技术、蒸汽蒸发结晶技术、烟气蒸发结晶技术。

3. 什么是蒸发池工艺？

答：蒸发池工艺是通过自然蒸发减少废水体积的一种方法。蒸发池的处理效率取决于废水水量而非污染物浓度，因此适用于处理高浓度、低体积的含盐废水。蒸发池蒸发速度偏慢，且运行不当会造成环境污染。

4. 蒸发池工艺的特点是什么?

答：蒸发池工艺处理废水成本低，适用于土地价格低的半干旱或干旱地区使用。但是此技术需要做防渗处理，且当废水处理量大时，所需土地面积增加，处理成本增加。

为了加快蒸发速率，减少蒸发池的面积，降低处理费用，蒸发池的选址应考虑气象因素影响（相对湿度、温度、风速等），可以尝试四种加速蒸发的方法，即辅助风加速蒸发（WAIV）、湿浮动鳍、耐盐植物以及喷雾蒸发。

5. 什么是辅助风加速蒸发?

答：辅助风加速蒸发是利用泵将废水抽到纤维织物上，增加蒸发面积，其蒸发速率可增加10倍以上，但纤维孔隙容易被污染物堵塞，造成蒸发速率下降。

6. 什么是湿浮动鳍?

答：湿浮动鳍是利用铝材做成鳍片漂浮在水面上，上面覆盖一层吸水的棉布，具有两个效果：增加交换面积与打破边界层。实验证明，其蒸发速率可提高约25%。

7. 什么是耐盐植物辅助法?

答：耐盐植物辅助法是利用植物的蒸腾作用加速废水蒸发，其蒸发速率可达数倍，但是物质的毒性以及经济性需要进一步研究。

8. 什么是喷雾蒸发?

答：喷雾蒸发是利用高速旋转的扇叶或是高压喷嘴将废水雾化成细小液滴，通过液滴与空气的强烈对流进行蒸发。

9. 什么是机械雾化蒸发工艺?

答：为提高蒸发池的蒸发效率，减少蒸发池的占地面积，可考虑采用机械雾化蒸发，在传统蒸发池基础上增加废水雾化喷洒设备，利用高速旋转的扇叶或是高压喷嘴将废水雾化成细小液滴，通过液滴与空气的强烈对流进行蒸发，与普通蒸发池相比蒸发效率可提高10倍以上。

10. 机械雾化蒸发工艺的特点是什么?

答：机械雾化蒸发工艺的特点是蒸发速度快、运行成本低、设备不易堵塞、操作维护简单。但该技术除占地面积大，对地理、气象条件要求高外，还存在液滴的风吹损失，可能造成周边环境的盐污染。

11. 蒸发结晶法原理是什么？

答：进入蒸发器的废水通过蒸汽或电热器加热至沸腾，废水中的水分逐渐蒸发，水蒸气经冷却后重新凝结成水而重复利用，废水中的溶解性固体被截留在残液中，随着浓缩倍数的提高，最终以晶体形式析出。

12. 什么是结晶技术？

答：脱硫废水处理过程中，结晶过程即溶液过饱和形成晶核，晶核长成晶体与母液分离。结晶系统常包括结晶器、强制循环泵、离心机、干燥器、打包机等。实际工程中，结晶常与蒸发联用，涉及的技术主要是MVR和MED等。

13. 什么是多效强制循环蒸发系统（强制循环 MED）？

答：多效强制循环蒸发是多效蒸发的一种形式，其溶液在设备内的循环主要依靠外加动力所产生的强制流动。多效强制循环蒸发系统能够同时实现浓缩和结晶。

14. 多效强制循环蒸发系统的优点是什么？

答：强制循环式蒸发器系统工艺技术成熟，适用于有结垢性、结晶性、高浓度、高黏度并且含不溶性固形物等废水。

15. 立管降膜机械蒸汽压缩蒸发系统（立管 MVC）是什么？

答：降膜蒸发是将料液从降膜蒸发器上部的分配器加入，经液体分布及成膜装置，均匀分配到各换热管，料液在降膜蒸发器内，在重力和真空诱导及气流作用下，成均匀膜状自上而下流动。流动过程中，被壳程加热介质加热汽化，产生的蒸汽与液相共同进入蒸发器的分离室，汽液经充分分离，蒸汽进入冷凝器冷凝（单效操作）或进入下一效蒸发器作为加热介质，从而实现多效操作，液相则由分离室排出。

16. 立管降膜机械蒸汽压缩蒸发系统技术特点是什么？

答：立管降膜机械蒸汽压缩蒸发系统具有传热系数高、停留时间短不易引起物料变质、液体滞留量小、可以使用低温差蒸发等特点。

17. 卧式喷淋机械蒸汽压缩蒸发系统（卧式 MVC）是什么?

答：卧式喷淋机械蒸汽压缩蒸发处理工艺与立管降膜机械蒸汽压缩蒸发系统同属于降膜机械蒸汽压缩蒸发工艺，采用换热管水平设置，实现了高盐废水走管外，加热蒸汽走管内的特征。

18. 卧式喷淋机械蒸汽压缩蒸发系统技术特点是什么?

答：卧式喷淋机械蒸汽压缩蒸发系统的技术特点是：物料走管外壁，对黏性物料和发泡物料的适应性优于立管，物料滞留时间短于立管，传热系数相对较低，可配置刮刀等主动除垢设施，物料在管外蒸发，产生结垢或结晶，容易发现和恢复。

19. 什么是低温蒸发系统?

答：低温蒸发系统是当气体在设备内循环时，气流在蒸发系统内加热并吸收水分，然后凝结成纯水，产生类似自然降雨的现象。低温蒸发系统的设备不需要将水加热至沸腾（沸腾可能损坏某些物质或热交换器可能出现问题），不需要加压室或真空室，也不需要高压过滤。此技术是废水处理技术的一种创新模式，可在低能耗条件下运行。

20. 低温蒸发系统的技术特点是什么?

答：低温蒸发系统的技术特点是：设备不易结垢和堵塞、产品适应性及扩展性强、系统运行影响因素少、操作弹性大。

21. 蒸发结晶技术运行经济性如何?

答：蒸发结晶技术投资和运行费用高，根据结晶盐的纯度和综合利用情况选用不同的工艺对运行经济性有一定影响。

22. 什么是烟道蒸发工艺?

答：烟道蒸发工艺是将脱硫废水雾化并喷入烟道中，利用烟气热量将废水完全蒸发，使废水中的污染物转化为结晶物或盐类，随飞灰一起被除尘器捕集，达到水分零排放，盐分综合利用的目的。

23. 烟道蒸发技术的原理是什么?

答：烟道蒸发是一种基于喷雾干燥技术的工艺，喷雾干燥技术的基本原理是用雾化器将溶液喷入干燥塔内，以雾滴状与高温气体接触，在短时间内将雾滴干燥。最大特征是蒸发和干燥的表面积非常大，这些具有很大表面积的分散微粒，只要与高温气体接触，就发生强烈的热交换，迅速将大部分水蒸发掉，形成含水量较少的固体产物，因而干燥速度非常快。

24. 烟道蒸发工艺的特点是什么？

答：（1）烟道蒸发工艺能克服现有技术中废水处理系统配置设备多、投资大、运行成本高和设备检修维护量大的缺点。

（2）烟道蒸发处理后，废水中的氯离子以颗粒物的形式被除尘器捕集，克服了现有技术中氯离子在偏酸性水环境中腐蚀性大的缺点。

（3）雾化脱硫废水蒸发要吸收一定的热量，烟气湿度一定程度上会有所增加，烟气温度会适当降低，烟气湿度的增加和烟气温度的适当降低将降低烟气中灰的比电阻，提高烟气除尘效率。

（4）能真正实现脱硫废水近零排放。

25. 烟道蒸发工艺技术有哪些？

答：烟道蒸发按其蒸发位置的不同，可分为直接烟道余热蒸发和高温旁路烟道蒸发。

26. 直接烟道余热蒸发工艺是什么？

答：在锅炉尾部空气预热器和除尘器之间的烟道内设置喷嘴，将预处理浓缩后的废水雾化，雾化液滴在高温烟气作用下快速蒸发，随烟气排出，而废水中的杂质则进入除尘系统随粉煤灰一起外排，从而达到零排放的目的。

27. 直接烟道余热蒸发工艺运行效果如何？

答：直接烟道余热蒸发工艺采用空气预热器后的低温烟气为废水蒸发热源，不会影响到机组煤耗。但该技术受蒸发空间的限制，且烟气温度较低，当烟气携带的热能不足以在既定时间内将废水蒸发时，将容易引起烟道结垢、积灰、堵塞和腐蚀等问题。此外，当空气预热器和电除尘器之间进行低温省煤器或MGGH改造后，可能会导致无足够空间布置该系统。

28. 什么是高温旁路烟道蒸发系统?

答：高温旁路烟道蒸发系统是指设置与空气预热器并联的烟道旁路，在空气预热器入口处引部分高温烟气进入旁路安装的废水蒸发器中，将预处理浓缩后的脱硫废水输送至高效雾化喷头，经雾化生成的微小液滴被高温烟气所蒸发。雾化液滴中所含有的盐类物质在蒸发过程中持续析出，并附着在烟气中的粉尘颗粒上经旁路烟道出口进入除尘器，被除尘器捕集。蒸发后的水蒸气随烟气进入脱硫塔，在脱硫塔被冷凝后间接补充脱硫工艺用水，从而实现脱硫废水零排放。

29. 高温旁路烟道蒸发系统的优点有哪些?

答：高温旁路烟道蒸发系统结构简单，烟气流速可以控制，保障了液滴的完全高效蒸发。相关设备可以单独隔离与拆卸，建设简单，且利于系统后续的运行维护，对主烟道的影响较小，解决了积灰、堵塞等问题，投资和运行费用相对较低，占地面积小。

30. 高温旁路烟道蒸发工艺有哪些?

答：目前，高温旁路烟道蒸发工艺主要有以双流体雾化喷枪为核心部件的蒸发工艺和以旋转雾化器为核心部件的蒸发工艺。

31. 双流体高温旁路烟道蒸发工艺原理是什么?

答：双流体高温旁路烟道蒸发工艺应用迅速喷雾蒸发（RSE）技术，在旁路烟道内设置高效双流体雾化喷嘴，含盐的水通过管道雾化设备进入烟道，形成非常细小的水滴。在蒸发室的热空气中，水滴迅速蒸发，水和盐分等杂质分离。雾化装置的配置将浓水雾化为适合的液滴，便于雾化的水滴与高温烟气在设计时间内迅速进行传热、传质、蒸发，防止液滴在除尘器内产生未汽化的水，对除尘器极线、极板的黏结。

32. 双流体高温旁路烟道蒸发工艺技术的优点有哪些?

答：（1）烟气混合效果好。

（2）雾化装置的配置能确保液滴雾化粒径达到最佳雾化效果要求。

（3）雾化装置的结构及材质能够保证雾化粒径和系统连续稳定运行。

（4）能够控制蒸发时间，确保雾化液滴完全蒸发。

（5）能够控制蒸发温度和调节处理水量。

33. 喷雾干燥法高温旁路烟道蒸发工艺原理是什么？

答：喷雾干燥法高温旁路烟道蒸发（SDA）是一种将液体通过旋转雾化器喷入干燥塔在热烟气干燥下成为粉末的技术。当热烟气经过分散进入干燥塔时，通过雾化器雾化后的精细雾滴与其进行接触，在气液接触过程中，水分被迅速蒸发，通过控制气体分布、液体流速、雾滴直径等，使雾化后的雾滴到达干燥塔壁之前，雾滴已被干燥，废水中的盐类最后形成粉末状的产物。大部分干燥产物落入干燥塔底端后被收集转运，少部分干燥产物随烟气进入除尘器处理。

34. 喷雾干燥法高温旁路烟道蒸发工艺技术的优点有哪些？

答：喷雾干燥法高温旁路烟道蒸发工艺除具有高可靠性、易维护、耐磨、雾化均匀等优点外，其喷浆量的调节范围广，能够保证在液体流量不发生很大变化时，雾化雾滴的粒径分布不发生显著改变。该特性能使浆液在接近饱和温度时，没有水分凝积在吸收塔壁上，能快速响应机组工况的变化。

第九章　相关法规

第一节　《水污染防治行动计划》（水十条）

1. “水十条”的总体要求是什么？

答：“水十条”的总体要求是大力推进生态文明建设，以改善水环境质量为核心，按照“节水优先、空间均衡、系统治理、两手发力”原则，贯彻“安全、清洁、健康”方针，强化源头控制，水陆统筹、河海兼顾，对江河湖海实施分流域、分区域、分阶段科学治理，系统推进水污染防治、水生态保护和水资源管理。坚持政府市场协同，注重改革创新；坚持全面依法推进，实行最严格环保制度；坚持落实各方责任，严格考核问责；坚持全民参与，推动节水洁水人人有责，形成“政府统领、企业施治、市场驱动、公众参与”的水污染防治新机制，实现环境效益、经济效益与社会效益多赢，为建设“蓝天常在、青山常在、绿水常在”的美丽中国而奋斗。

2. “水十条”主要内容是什么？

答：“水十条”的主要内容是：

（1）全面控制污染物排放。

（2）推动经济结构转型升级。

（3）着力节约保护水资源。

（4）强化科技支撑。

（5）充分发挥市场机制作用。

（6）严格环境执法监管。

（7）切实加强水环境管理。

（8）全力保障水生态环境安全。

（9）明确和落实各方责任。

（10）强化公众参与和社会监督。

3. “水十条”中全面控制污染物排放将从哪些方面做起？

答：全面控制污染物将从以下四方面做起：

（1）狠抓工业污染防治。
（2）强化城镇生活污染治理。
（3）推进农业农村污染防治。
（4）加强船舶港口污染控制。

4. “水十条”中全面控制污染物排放中要求狠抓工业污染防治，从哪几个方面着手？

答：全面控制污染物排放中要求狠抓工业污染防治，从以下两方面做起：

（1）取缔“十小”企业。全面排查装备水平低、环保设施差的小型工业企业。专项整治十大重点行业。制定造纸、焦化、氮肥、有色金属、印染、农副食品加工、原料药制造、制革、农药、电镀等行业专项治理方案，实施清洁化改造。新建、改建、扩建上述行业建设项目实行主要污染物排放等量或减量置换。

（2）集中治理工业集聚区水污染。强化经济技术开发区、高新技术产业开发区、出口加工区等工业集聚区污染治理。集聚区内工业废水必须经预处理达到集中处理要求，方可进入污水集中处理设施。新建、升级工业集聚区应同步规划、建设污水、垃圾集中处理等污染治理设施。

5. “水十条”中着力节约保护水资源有哪些措施？

答：着力节约保护水资源的措施有如下三种：

（1）控制用水总量。实施最严格水资源管理。健全取用水总量控制指标体系。

（2）提高用水效率。建立万元国内生产总值水耗指标等用水效率评估体系，把节水目标任务完成情况纳入非常规水源，纳入水资源统一配置。

（3）科学保护水资源。完善水资源保护考核评价体系。加强水功能区监督管理，从严核定水域纳污能力。

6. “水十条”中提高用水效率从哪几个方面做起？

答：提高用水效率将从以下三个方面做起：

（1）抓好工业节水。制定国家鼓励和淘汰的用水技术、工艺、产品和设备目录，完善高耗水行业取用水定额标准。

（2）加强城镇节水。禁止生产、销售不符合节水标准的产品、设备。公共建筑必须采用节水器具，限期淘汰公共建筑中不符合节水标准的水嘴、便器水箱等生活用水器具。鼓励居民家庭选用节水器具。

（3）发展农业节水。推广渠道防渗、管道输水、喷灌、微灌等节水灌溉技术，完善灌溉用水计量设施。

7. “水十条”中对控制用水总量是如何要求的?

答：实施最严格水资源管理。健全取用水总量控制指标体系。加强相关规划和项目建设布局水资源论证工作，国民经济和社会发展规划以及城市总体规划的编制、重大建设项目的布局，应充分考虑当地水资源条件和防洪要求。对取用水总量已达到或超过控制指标的地区，暂停审批其建设项目新增取水许可。对纳入取水许可管理的单位和其他用水大户实行计划用水管理。新建、改建、扩建项目用水要达到行业先进水平，节水设施应与主体工程同时设计、同时施工、同时投运。建立重点监控用水单位名录。

8. “水十条”中经济结构转型升级如何加强工业水循环利用?

答：推进矿井水综合利用，煤炭矿区的补充用水、周边地区生产和生态用水应优先使用矿井水，加强洗煤废水循环利用。鼓励钢铁、纺织印染、造纸、石油石化、化工、制革等高耗水企业废水深度处理回用。

9. “水十条”中经济结构转型升级如何促进再生水利用?

答：以缺水及水污染严重地区城市为重点，完善再生水利用设施，工业生产、城市绿化、道路清扫、车辆冲洗、建筑施工以及生态景观等用水，要优先使用再生水。推进高速公路服务区污水处理和利用。具备使用再生水条件但未充分利用的钢铁、火电、化工、制浆造纸、印染等项目，不得批准其新增取水许可。

10. “水十条”中经济结构转型升级如何推动海水利用?

答：在沿海地区电力、化工、石化等行业，推行直接利用海水作为循环冷却等工业用水。在有条件的城市，加快推进淡化海水作为生活用水补充水源。

11. “水十条”中如何推广示范适用技术?

答：加快技术成果推广应用，重点推广饮用水净化、节水、水污染治理及循环利用、城市雨水收集利用、再生水安全回用、水生态修复、畜禽养殖污染防治等适用技术。完善环保技术评价体系，加强国家环保科技成果共享平台建设，推动技术成果共享与转化。发挥企业的技术创新主体作用，推动水处理重点企业与科研院所、高等学校组建产学研技术创新战略联盟，示范推广控源减排和清洁生产先进技术。

12. “水十条”中攻关研发前瞻技术包括哪些方面?

答：整合科技资源，通过相关国家科技计划（专项、基金）等，加快研发重点行业废水深度处理、生活污水低成本高标准处理、海水淡化和工业高盐废水脱盐、饮用水微量有毒污染物处理、地下水污染修复、危险化学品事故和水上溢油应急处置等技术。开展有机物和重金属等水环境基准、水污染对人体健康影响、新型污染物风险评价、水环境损害评估、高品质再生水补充饮用水水源等研究。加强水生态保护、农业面源污染防治、水环境监控预警、水处理工艺技术装备等领域的国际交流合作。

13. “水十条”中严格环境执法监管将从哪几个方面着手?

答：严格环境执法监管将从以下四个方面着手：

（1）完善法规标准。

（2）完善标准体系。

（3）加大执法力度。

（4）提升监管水平。

14. “水十条”中严格环境执法监管完善法规标准从哪些方面着手?

答：健全法律法规。加快水污染防治、海洋环境保护、排污许可、化学品环境管理等法律法规制、修订步伐，研究制定环境质量目标管理、环境功能区划、节水及循环利用、饮用水水源保护、污染责任保险、水功能区监督管理、地下水管理、环境监测、生态流量保障、船舶和陆源污染防治等法律法规。各地可结合实际，研究起草地方性水污染防治法规。

15. “水十条”中严格环境执法监管完善标准体系从哪几个方面着手?

答：制、修订地下水、地表水和海洋等环境质量标准，城镇污水处理、污泥处理处置、农田退水等污染物排放标准。健全重点行业水污染物特别排放限值、污染防治技术政策和清洁生产评价指标体系。各地可制定严于国家标准的地方水污染物排放标准。

16. “水十条”中严格环境执法监管加大执法力度从哪几个方面着手?

答：（1）所有排污单位必须依法实现全面达标排放。逐一排查工业企业排污情况，达标企业应采取措施确保稳定达标；对超标和超总量的企业予以“黄牌”警示，一律限制生产或停产整治；对整治仍不能达到要求且情节严重的企业予以“红牌”处罚，一律停业、关闭。自2016年起，定期公布环保“黄牌”“红牌”企业名单。定期抽查排污单位达标排放情况，结果向社会公布。

（2）完善国家督查、省级巡查、地市检查的环境监督执法机制，强化环保、公安、监察等部门和单位协作，健全行政执法与刑事司法衔接配合机制，完善案件移送、受理、立案、通报等规定。加强对地方人民政府和有关部门环保工作的监督，研究建立国家环境监察专员制度。

（3）严厉打击环境违法行为。重点打击私设暗管或利用渗井、渗坑、溶洞排放、倾倒含有毒有害污染物废水、含病原体污水，监测数据弄虚作假，不正常使用水污染物处理设施，或者未经批准拆除、闲置水污染物处理设施等环境违法行为。对造成生态损害的责任者严格落实赔偿制度。严肃查处建设项目环境影响评价领域越权审批、未批先建、边批边建、久试不验等违法违规行为。对构成犯罪的，要依法追究刑事责任。

17. “水十条”中如何切实加强水环境管理?

答：（1）强化环境质量目标管理。

（2）深化污染物排放总量控制。

（3）严格环境风险控制。

（4）全面推行排污许可。

18. “水十条”中如何深化污染物排放总量控制?

答：完善污染物统计监测体系，将工业、城镇生活、农业、移动源等各类污染源纳入调查范围。选择对水环境质量有突出影响的总氮、总磷、重金属等污染物，研究纳入流域、区域污染物排放总量控制约束性指标体系。

19. “水十条”中全力保障水生态环境安全要求如何落实排污单位主体责任?

答：各类排污单位要严格执行环保法律法规和制度，加强污染治理设施建设和运行管理，开展自行监测，落实治污减排、环境风险防范等责任。中央企业和国有企业要带头落实，工业集聚区内的企业要探索建立环保自律机制。

20. “水十条”中如何全力保障水生态环境安全?

答：（1）保障饮用水水源安全。

（2）深化重点流域污染防治。

（3）加强近岸海域环境保护。

（4）整治城市黑臭水体。

（5）保护水和湿地生态系统。

第二节 《中华人民共和国环境保护税法》（环保税法）

1. 环保税法公布和实施的时间?

答：《中华人民共和国环境保护税法》由中华人民共和国第十二届全国人民代表大会常务委员会第二十五次会议于2016年12月25日通过，公布立法，自2018年1月1日起施行。

2. 制定环保税法的目的是什么?

答：制定环保税法是为了保护和改善环境，减少污染物排放，推进生态文明建设。

3. 我国开征环境保护税有何重要意义?

答：我国开征环境保护税的意义在于：

（1）有利于解决排污费制度存在的执法刚性不足、地方政府干预等问题。

（2）有利于提高纳税人环保意识和遵从度，强化企业治污减排的责任。

（3）有利于构建促进经济结构调整，发展方式转变的绿色税制体系，强化税收调控作用，形成有效的约束机制，提高全社会环境保护意识，推进生态文明建设和绿色发展。

（4）通过“消费立税”，有利于规范政府分配秩序，优化财政收入结构，强化预算约束。

4. 环保税法的适用范围有哪些?

答：在中华人民共和国领域和中华人民共和国管辖的其他海域，直接向环境排放应税污染物的企业事业单位和其他生产经营者为环境保护税的纳税人，应当依照本法规定缴纳环境保护税。

5. 环保税法中的应税污染物包括哪些物质?

答：应税污染物，是指环保税法所附《环境保护税税目税额表》《应税污染物和当量值表》规定的大气污染物、水污染物、固体废物和噪声。

6. 环保税法的主要功能是什么?

答：环保税主要具备两个功能，一是把污染控制在更加合理的范围内；二是补偿污染产生的社会成本。

7. 环保税法中规定哪些情形可以不缴纳相应污染物的环境保护税?

答：有下列情形之一的，不属于直接向环境排放污染物，不缴纳相应污染物的环境保护税：

（1）企业事业单位和其他生产经营者向依法设立的污水集中处理、生活垃圾集中处理场所排放应税污染物的。

（2）企业事业单位和其他生产经营者在符合国家和地方标准的设施、场所贮存或者处置固体废物的。

8. 环保税法中规定什么情况应当缴纳环境保护税？

答：依法设立的城乡污水集中处理、生活垃圾集中处理场所超过国家和地方规定的排放标准向环境排放应税污染物的，应当缴纳环境保护税。

企业事业单位和其他生产经营者贮存或者处置固体废物不符合国家和地方环境保护标准的，应当缴纳环境保护税。

9. 环保税法中有哪些情况可以免税？

答：环保税法中以下五种情况可以免税：

（1）农业生产（不包括规模化养殖）排放应税污染物的。

（2）机动车、铁路机车、非道路移动机械、船舶和航空器等流动污染源排放应税污染物的。

（3）依法设立的城乡污水集中处理、生活垃圾集中处理场所排放相应应税污染物，不超过国家和地方规定的排放标准的。

（4）纳税人综合利用的固体废物，符合国家和地方环境保护标准的。

（5）国务院批准免税的其他情形（由国务院报全国人民代表大会常务委员会备案）。

10. 环保税法中规定的应税污染物计税依据有哪些？

答：应税污染物的计税依据，按照下列方法确定：

（1）应税大气污染物按照污染物排放量折合的污染当量数确定。

（2）应税水污染物按照污染物排放量折合的污染当量数确定。

（3）应税固体废物按照固体废物的排放量确定。

（4）应税噪声按照超过国家规定标准的分贝数确定。

11. 环境保护税应纳税额是如何计算的？

答：环境保护税应纳税额按照下列方法计算：

（1）应税大气污染物的应纳税额为污染当量数乘以具体适用税额。

（2）应税水污染物的应纳税额为污染当量数乘以具体适用税额。

（3）应税固体废物的应纳税额为固体废物排放量乘以具体适用

税额。

（4）应税噪声的应纳税额为超过国家规定标准的分贝数对应的具体适用税额。

12. 环保税法中规定的纳税义务发生时间是如何规定的？

答：纳税义务发生时间为纳税人排放应税污染物的当日。

13. 纳税人应当向哪里申报缴纳环境保护税？

答：纳税人应当向应税污染物排放地的税务机关申报缴纳环境保护税。

14. 环境保护税如何申报？

答：环境保护税按月计算，按季申报缴纳。不能按固定期限计算缴纳的，可以按次申报缴纳。

纳税人申报缴纳时，应当向税务机关报送所排放应税污染物的种类、数量，大气污染物、水污染物的浓度值，以及税务机关根据实际需要要求纳税人报送的其他纳税资料。

15. 环境保护税申报是如何规定的？

答：纳税人按季申报缴纳的，应当自季度终了之日起十五日内，向税务机关办理纳税申报并缴纳税款。纳税人按次申报缴纳的，应当自纳税义务发生之日起十五日内，向税务机关办理纳税申报并缴纳税款。

纳税人应当依法如实办理纳税申报，对申报的真实性和完整性承担责任。

16. 环境保护税法对于减税方面是如何规定的？

答：纳税人排放应税大气污染物或者水污染物的浓度值低于国家和地方规定的污染物排放标准30%的，减按75%征收环境保护税。纳税人排放应税大气污染物或者水污染物的浓度值低于国家和地方规定的污染物排放标准50%的，减按50%征收环境保护税。

17. 什么是污染当量？

答：污染当量是指根据污染物或者污染排放活动对环境的有害程度以及处理的技术经济性，衡量不同污染物对环境污染的综合性指标或者计量单位。同一介质相同污染当量的不同污染物，其污染程度基本相当。

18. 什么是排污系数？

答：排污系数是指在正常技术经济和管理条件下，生产单位产品所应排放的污染物量的统计平均值。

19. 环境保护税税目涉及水污染物税额是如何规定的？

答：环境保护税税目涉及水污染物的计税单位为每污染当量，税额为1.4~14元。

20. 每一排放口的应税水污染物是如何规定的？

答：每一排放口的应税水污染物，按照环保税法所附《应税污染物和当量值表》，区分应税第一类水污染物和其他类水污染物，按照污染当量数从大到小排序，对应税第一类水污染物按照前五项征收环境保护税，对其他类水污染物按照前三项征收环境保护税。

21. 环保税法中应税第一类水污染物有哪些？

答：环保税法中应税第一类水污染物有：总汞；总镉；总铬；六价铬；总砷；总铅；总镍；苯并（a）芘；总铍；总银。

22. 环保税法中应税第一类水污染物的当量值是多少？

答：总汞的当量值是0.0005kg；总镉的当量值是0.005kg；总铬的当量值是0.04kg；六价铬的当量值是0.02kg；总砷的当量值是0.02kg；总铅的当量值是0.025kg；总镍的当量值是0.025kg；总苯并（a）芘的当量值是0.0000003kg；总铍的当量值是0.01kg；总银的当量值是0.02kg。

23. 环保税法中应税第二类水污染物种类涉及燃煤电厂废水排放有哪些？

答：环保税法中第二类水污染物种类涉及燃煤电厂废水排放有悬浮物（SS）、生化需氧量（BOD_5）、化学需氧量（COD）、总有机碳（TOC）、氨氮、氟化物、阴离子表面活性剂（LAS）、总铜、总锌、总锰、总磷。

24. 环保税法中应税第二类水污染物当量值是多少？

答：环保税法中应税第二类水污染物悬浮物当量值是4kg；生化

需氧量（BOD_5）当量值是0.5kg；化学需氧量（COD）当量值是1kg；总有机碳（TOC）当量值是0.49kg。

同一排放口中的化学需氧量（COD）、生化需氧量（BOD_5）和总有机碳（TOC），只征收一项。

氨氮当量值是0.8kg；氟化物当量值是0.5kg；阴离子表面活性剂（LAS）当量值是0.2kg；总铜当量值是0.1kg；总锌的当量值是0.2kg；总锰的当量值是0.2kg；总磷的当量值是0.25kg。

25. 环保税法中污染物 pH 值污染当量值是多少？

答：环保税法中污染物pH值对应的污染当量值如表9-1所示：

表9-1　污染物pH值对应的污染当量值

序号	污染物pH值	污染当量值
1	0～1，13～14	0.06t污水
2	1～2，12～13	0.125t污水
3	2～3，11～12	0.25t污水
4	3～4，10～11	0.5t污水
5	4～5，9～10	1t污水
6	5～6	5t污水

26. 环保税法中污染物色度污染当量值是多少？

答：环保税法中污染物色度污染当量值是5t水·倍。

27. 环保税法中污染物大肠菌群数（超标）污染当量值是多少？

答：环保税法中污染物大肠菌群数（超标）污染当量值是3.3t污水。

28. 直接向环境排放应税污染物的企业事业单位和其他生产经营者会接受什么处罚？

答：直接向环境排放应税污染物的企业事业单位和其他生产经营者，除依照环保税法规定缴纳环境保护税外，应当对所造成的损害依法承担责任。

参考文献

［1］李培元.燃煤电厂水处理及水质控制，第二版［M］.北京：中国电力出版社，2008.

［2］纪轩.废水处理技术问答［M］.北京：中国石化出版社，2003.

［3］刘建伟.污水生物处理新技术［M］.北京：中国建材工业出版社，2016.

［4］谢经良.污水处理设备操作维护问答，第二版［M］.北京：化学工业出版社，2012.

［5］张建丰.活性污泥法工艺控制，第二版［M］.北京：中国电力出版社，2011.

［6］刘宁.燃煤电厂脱硫废水零排放技术［J］.能源与节能，2015，12：89-91.

［7］马双忱，温佳琪，万忠诚，等. 中国燃煤电厂脱硫废水处理技术研究进展及标准修订建议［J］. 洁净煤技术，2017，23（4）：18-28，35.

［8］马双忱，于伟静，贾绍广，等. 燃煤电厂脱硫废水处理技术研究与应用进展［J］.化工进展，2016，35（1）：255-262.

［9］杨跃伞，苑志华，张净瑞，郑煜铭. 燃煤电厂脱硫废水零排放技术研究进展［J］.水处理技术，2017，43（6）：29-33.

［10］程丽，游在鑫，陈芳，王建明. 中小型电厂脱硫废水烟道蒸发“零排放”处理技术［J］. 火电厂脱硫废水零排放技术交流研讨会论文集，2017.

［11］禾志强，祁利明. 燃煤电厂烟气脱硫废水处理工艺［J］. 水处理技术，2010，36（3）：132-135.

［12］罗渊涛，姜威. 燃煤电厂烟气脱硫废水处理［J］.黑龙江电力，2007，29（3）：161-163.

［13］吴怡卫.石灰石—石膏湿法烟气脱硫废水处理的研究［J］. 中国电力，2006，39（4）：75-78.

［14］周臣，谭文铁. 脱硫废水水量计算机烟道处理技术［J］.热

力发电，2009，38（3）：85-86.

［15］郭峰.湿法烟气脱硫废水处理技术［J］. 电力环境保护，2004，20（3）：49-50.

［16］韦飞，刘景龙，王特，等.燃煤电厂脱硫废水零排放技术探究［J］.水处理技术，2017，43（6）：34-36.

［17］刘政修，李磊，王斌. 燃煤电厂锅炉烟气湿法脱硫废水深度处理工艺选择［J］.全面腐蚀控制，2016，30（9）：12-17.

［18］徐光平，李竹梅，王建强. 膜蒸馏技术在电厂脱硫废水处理领域的中试应用［J］.广东化工，2018，45（5）：184-186.

［19］刘海洋，江澄宇，谷小兵，李叶红，申镇. 燃煤电厂湿法脱硫废水零排放处理技术进展［J］. 环境工程，2016，34（4）：33-36.

［20］赵洁，谢秋野，朱京兴.燃煤电厂水资源综合利用对策［J］.电力环境保护，2007，23（5）：2-6.

［21］何世德，张占梅，周于.燃煤电厂现代水务管理技术研究［J］.电力科技与环境，2010，26（5）：50-52.

［22］顾小红，徐志清，魏晓仪，等.浅谈我国火电厂水务管理、技术创新化管理现代化［J］. 电力科技与环境，2007，23（1）：12-14.